如何培养孩子的专注力

张小雪 著

中国友谊出版社

图书在版编目（CIP）数据

如何培养孩子的专注力 / 张小雪著. -- 北京：中国友谊出版公司, 2019.7 (2021.1重印)
ISBN 978-7-5057-4689-3

Ⅰ.①如… Ⅱ.①张… Ⅲ.①注意-能力培养-儿童读物 Ⅳ.①B842.3-49

中国版本图书馆 CIP 数据核字(2019)第 069694 号

书名	如何培养孩子的专注力
作者	张小雪
出版	中国友谊出版公司
发行	中国友谊出版公司
经销	新华书店
印刷	天津中印联印务有限公司
规格	710×1000 毫米　16 开 13 印张　161 千字
版次	2019 年 7 月第 1 版
印次	2021 年 1 月第 2 次印刷
书号	ISBN 978-7-5057-4689-3
定价	45.00 元
地址	北京市朝阳区西坝河南里 17 号楼
邮编	100028
电话	(010)64678009

前言

从事教育行业的十余年来，我经常和家长讨论的就是如何提升孩子的专注力。

多数家长都会望子成龙，望女成凤，他们最典型的表现就是，付出一切精力与财力在孩子的教育问题上。但哪怕家长们花费了大量的时间与金钱试图让孩子掌握一项新的技能，孩子却常常不为所动。无论是在上课，还是在读书，他们的注意力也只能维持10分钟左右，超过这个时间段，他们就开始"东摸摸，西碰碰"，半个小时就可以完成的作业，孩子却能写两个小时。这样的行为让家长恨铁不成钢，于是使用更强硬的手段逼迫孩子。但家长越是这样，孩子的心里就越是抗拒改变，进入一个恶性循环。

很多家长向我反映，孩子注意力不集中的情况越来越严重，长期下去，不仅影响了学习成绩，还影响了正常的生活。家长想了很多办法去改正孩子的这个毛病，但不论是与孩子谈心还是使用"糖衣炮弹"都根本不起作用；有些家长甚至开始对孩子进行无休止的抱怨与责骂，一度使家庭氛围骤然紧张。

其实，家长们应该相信，每一个孩子都可以做到集中注意力，都可以做到在某一时间段内专注于某件事。他们之所以不愿意专注，可能是没有时间意识，可能是负面情绪缠身，也可能只是对正在做的事情没有兴趣而已。家长要想提高孩子的专注力就要弄清楚孩子为什么无法专注，并对症下药，从而帮助孩子打开专注力的开关，提升学习力。

比如有的家长就曾说："我的小孩做什么都懒洋洋的，每天上学都要磨蹭半天才出门，回家先吃水果，再看一会电视，就是不写作业。终于催他去写了吧，没过10分钟，他又要去厕所或者要洗澡。我说他说得也够多了，但真是一点办法都没有。"面对孩子注意力不集中的状况，很多家长第一反应都是去修正，去阻止。但家长们可曾深层次地想过，孩子到底为什么会出现这样的行为？他们是不是特别容易受到外界的干扰？那你是不是可以给他营造一个安静的学习氛围，来帮助他重新集中注意力？

再比如有的家长说："我的孩子对什么都很感兴趣，现在要写作业，可他过了5分钟就想画画，再过5分钟他又想先把手工作业做完……他经常这样，总是什么都做，但什么都做不好，他为什么就不能把一件事做到底呢？"其实，孩子对于学习有兴趣是好事，问题是，他是否能学会如何利用时间，分配时间。真正专注的孩子，永远懂得合理利用时间，一分钟都不浪费。只有当他专注了，他才能有充分的时间来一项一项完成他有兴趣的事。

由此可见，时间管理能力也是影响孩子专注力的一大因素。有些孩子不论做什么事，都无法集中注意力，经常习惯性拖延时间，其他孩子花一个小时能完成的事情他却要多花费两个小时。虽然家长努力帮孩子改正这个坏习惯，但却收效甚微。其实，拖延不是孩子的天性，而是他根本就没有意识到时间的宝贵。而要培养孩子的时间管理能力，首要任务是让孩子正确认识时间，认识到时间的不可再生性、不可回溯性，并教会他如何珍惜时间，抓住每一分每一秒钟。

当家长们经过深层次地分析，找到孩子专注力不强的原因后，就可以有针对性地训练孩子，帮助孩子逐渐改正现有的缺点，一点一点找回专注力。而当孩子的专注力提升后，家长便可以训练他的课堂注意力，从而帮助孩子充分理解课堂知识，让孩子真正爱上学习，提高学习力，轻松地应对学习。

目 录
CONTENTS

第 1 章　提高孩子专注力关键步骤 1：找出注意力缺失原因

- 没有兴趣，就没有专注力 / 2
- "讨厌老师"，真的只是借口吗 / 6
- 毫无纪律意识，影响自己与他人 / 13
- 错误的态度无法养成正确的习惯 / 17
- 为什么外面的世界那么有吸引力 / 22
- 别让负面情绪毁了孩子的专注力 / 27
- 方法比努力更重要 / 31

第 2 章　提高孩子专注力关键步骤 2：从兴趣开始

- 引导孩子爱上学习，不断加强专注力 / 38
- 诱发求知欲，让孩子对学习充满热情 / 41
- 让孩子自主制订目标，他会更具能动性 / 48

- 营造最佳环境，陪孩子一起学习 / 55
- 不吝啬赞扬，帮助孩子找回自信 / 58
- 转变观念，训练孩子的多样化思维 / 61
- 教会孩子专注于课堂，有效训练专注力 / 67

第3章 提高孩子专注力关键步骤3：培养孩子的时间管理能力

- 珍惜时间之前，首先要明白时间的宝贵 / 76
- 适当放手，给孩子自主计划的机会 / 82
- 碎片化时间有时候更有效率 / 85
- 好好休息，也是提升专注力的有效渠道 / 88
- 教会孩子分清轻重缓急，有效提升时间管理能力 / 92
- 帮助孩子戒掉拖延症 / 96
- 一心二用，才是专注力的杀手 / 102
- 和孩子一起培养遵循时间的习惯 / 107

第4章 打开专注力开关，提升孩子学习力

- 课后练习更重要，引导孩子专注练习 / 112
- 让阅读成为孩子成长的一部分 / 117
- 鼓励孩子大声朗读，更能提升专注力 / 123
- 陪孩子一起运动，共同增加专注力 / 126
- 通过听力锻炼，他会更加集中注意力 / 131

- 教会孩子认真观察，从内而外提升专注力 / 136
- 小游戏也能改善孩子的专注力 / 140

第5章 掌握了课堂专注力就是掌握了学习力

- 重塑孩子学习观念，掌握课堂时间 / 146
- 掌握专注力的重点：抓住课堂前五分钟 / 150
- 孩子无法专注时，跟随老师才是正确的思路 / 153
- 教孩子勇敢表达意见，更能提升专注力 / 157
- 改变思考模式，教孩子适当跳过 / 160
- 专注力提升有效途径：学会记录课堂笔记 / 163
- 鼓励孩子积极预习，全面提升课堂专注力 / 168

第6章 掌握课后练习技巧，全面提升孩子学习专注力

- 让孩子学会做准备工作，事半功倍 / 174
- 在分享中学习，学习更高效 / 177
- 动笔之前先动脑，成就高效学习效率 / 180
- 设定小目标，让孩子每段时间都专注 / 184
- 劳逸结合，效率翻倍 / 188
- 给予适当奖励，调动孩子积极性 / 191
- 和孩子紧密沟通，了解他为什么拒绝学习 / 195

第 1 章

提高孩子专注力关键步骤 1：
找出注意力缺失原因

没有兴趣，就没有专注力

著名科学家爱因斯坦曾说过："兴趣和爱好是最好的老师。"的确，再也没有比兴趣更好的老师了。当一个人兴趣盎然的时候，会产生良好的情绪，产生无限的专注力，这是一种无形的动力，它引领着人们不断探索、前进。

几乎每位家长都有"望子成龙""望女成凤"的心态，于是，孩子的学习自然就成了家长最关注的问题，而利于孩子学习的专注力，也是家长们十分关注的问题。但是，有些孩子偏偏对学习不感兴趣，而没有兴趣，孩子也就没有专注力。

在一次家长会上，一位家长谈起自己的孩子直叹气，他说："谈起我的小孩，那可真叫人心急。都三年级了，做什么都懒洋洋的，不爱去学校，每天上学都磨蹭半天才出门，上课也不认真听课，作业要么不写，要么写得一塌糊涂，考起试来总比别家的小孩差。说也说过了，骂也骂过了，我拿他是一点办法也没有。"另一位家长也苦恼地说："我儿子对什么都感兴趣，今天要学钢琴、明天要学画画，但就是对上课不感兴趣，不想去学校。现在的孩子真是让人琢磨不透，为什么不喜欢上课呢？"

其实，许多家长谈起自己的孩子都有类似看法，在教育成长的过程中，家长是否发现孩子常会有如下的问题：

孩子认为学习的目的是为了家长；

孩子对学习没有什么兴趣，一拿起书本就开始烦躁不安；

孩子花了很多时间学习，但总是无法取得进步；

孩子必须要家长不断提醒，成绩才会稍微有点起色。

如果孩子经常出现这些情况，那就说明他对学习的兴趣不大，专注力自然无法提升。兴趣是一种无形的动力，兴趣会使人对某一领域的钻研、探索达到痴迷的程度，使人坚持不懈、废寝忘食。一个专注力强，兴趣强烈的人，总是用好奇的目光注视着世界的一切事物，从中捕捉自己需要的奇妙猎物、获取新的知识。孩子对学习一点兴趣都没有，自然觉得上课索然无味，不喜欢去学校，写作业也会慢慢悠悠、心不在焉。因此，家长希望孩子专注力强、好好学习、专心听课、认真作业，就要激发他对学习的兴趣。"授人以鱼不如授人以渔"的道理大家都很明白。其实，知识就是鱼，兴趣就是网，兴趣的培养要远远胜过知识的传授。

孩子对学习没兴趣是有原因的

孩子并不是天生不爱上课，不愿好好学习，家长对孩子的学习态度不正确、对孩子的学习指导不当、孩子本身养成的不良学习态度和习惯都是造成孩子不爱学习的原因。总结起来，有以下几点：

1. 家长的期望值过高

为了孩子，家长可以放弃自己的事业，双休日可以不休息，为孩子辅导，陪孩子练琴、学画，而这使孩子的心理、身体上的压力大大增加，反而对学习产生厌烦情绪。

2. 家长对孩子学习知识的目的定位有偏差

家长常将学习知识的目的定在明天而不是今天。常对孩子说："你不好好学习，将来就得去扫大街。"功利性过于强烈。这样，孩子体验不到获取知识本身的快乐，而只注重别人对自己学习成绩的评价。孩子对知识本身不感兴趣，自然将学习看作是苦差事。

3. 孩子不会学习

不会学习的孩子学得苦，学得累，学得烦。这类孩子往往学习时不能集中注意力，不能把新旧知识联系起来学习；不能选择重要的内容而抛开不重要的内容；无法将学到的知识正确、合理地表达出来。孩子不会学习，面对日益繁重的课业自然头大，更别提产生兴趣了。

4. 孩子缺乏自信心

有些孩子学习基础比较差，自信心经常受打击，这些打击可能来自家长的责怪，也可能来自老师的批评，或者来自同学的嘲笑。不管来自哪里，总之这些打击都会让孩子对学习产生反抗心理："反正别人说我笨，学什么都学不好，我努力不努力的也没什么差别。"于是孩子学起来有一搭没一搭的，对学习没什么兴趣。

5. 没有养成良好的学习习惯

孩子早年养成的不良学习习惯对孩子学习的影响非常大，比如上课注意力不集中、下课不完成作业等，这将直接关系他后天的学习态度。一般而言，磨蹭、依赖、侥幸和缺乏毅力等都是不良的习惯，家长应加以关注，别让孩子染上这些恶习。

方案 让孩子专注力强，爱上学习这样做

1. 保护好孩子的好奇心

好奇心是指想要了解事物的心理。由于好奇心不仅是对某一事物感到疑惑，还包括继续思索，以求明白事情的真相，所以好奇心是兴趣的出发点、动机、推动力，也是孩子产生无穷毅力和耐心的源泉。

好奇心会促进孩子的探索行为。因为好奇，孩子去玩弄冰雪，知道了冰雪是冷的；因为好奇，孩子会去寻找马路上喇叭声的来源，知道了汽车是什么样的；因为好奇，孩子常去观察小蝌蚪，知道了小蝌蚪原来是青蛙妈妈的孩子。所以好奇心是激发孩子兴趣，获得知识的必要条件。保护好孩子的好奇心，并加以正确引导，就能培养孩子强烈的求知欲，让孩子对学习产生兴趣。

2. 经常赞扬孩子

中国著名儿童教育家陈鹤琴认为，孩子有一个重要的心理特征，就是喜欢被称赞、嘉许、鼓励，而不喜欢被禁止、抑阻。

孩子很在意别人对自己的评价，他是按照别人的评价去认识自己的，如果别人说他笨，他就会认为自己笨，一个总是被批评的孩子怎么可能会有昂扬的斗志。所以孩子不爱学习，家长千万不要将原因归为孩子不聪明，继续给孩子消极评价，这样会让孩子更加自暴自弃。

而赞扬是培养孩子兴趣的营养剂，只要家长对孩子充满信心，并且经常赞扬孩子，便可使丧失信心的孩子恢复自信，使厌学的孩子爱上学习，使表现不错的孩子更加积极上进。所以，对于孩子的每一点进步，不管多细小，家长都应表现出自豪、欣慰的感情，多去赞美他、肯定他、鼓励他，让他对学习产生乐趣，爱上学习。

3. 鼓励孩子自我激励

很多孩子不爱学习是因为怕学习失败而对学生产生恐惧，如果孩子能够经常自我激励、自我鞭策，他便有可能避免学业上的失败，从而喜欢上学习。所以，家长要帮助孩子树立自我激励的目标，让孩子学会自我暗示，经常对自己说一句激励的话，如"我一定能成功"，这样可以帮助孩子摆脱消极情绪，消除对学习的畏惧心理。

"讨厌老师",真的只是借口吗

> 人不可随波逐流,但人不能不适应环境。孩子的成长和进步是与各学科老师互动的结果,不是靠某一个老师就能提高学习成绩的。老师面对巨大的学生群体,不可能去适应每一个学生,所以只能是孩子去适应每一位老师。

不同的老师有不同的讲课风格,即使是同一个老师,也会由于多方面的原因,可能采取不同的教学方法,加之教学水平的差异,所以老师不太可能符合每一位孩子的口味。

园园以前数学成绩特别好,经常拿满分,但是从这个学期开始,园园的数学成绩突然下降了很多,经常不及格。妈妈担忧地问他原因,园园有些委屈地向妈妈抱怨道:"因为我不喜欢现在的这个数学老师。我们班的数学老师外号'唾沫大王',只要一开口,'标点符号'满天飞,坐在前排的同学经常遭殃。我很厌烦他,他的课一般都不怎么听,有时听也就听个几分钟,其余的时间讲话、看书,反正不会理他。"

为什么园园的数学成绩会变得如此糟糕了呢?关键就在于他对老师存在成见。因为不喜欢老师,就会连带着不认真听老师的课,专注力不强,成绩自然会下滑。

"金无足赤,人无完人",不可否认,老师也会有不足之处。但是,一定不能让孩子因为老师的不足而不喜欢老师,否则孩子得不到老师及时、恰当的指教，就少了一位学习道路上重要的引路人，到头来受损失的只能是孩子自己。

面对孩子对老师的"控诉"，家长的几种错误反应

孩子在学校受了批评或感到委屈，回家向家长"控诉"，表示不喜欢某位老师时，家长的一些错误反应会让孩子更加不喜欢老师，或者产生其他负面影响。一般来说，家长通常会有以下几种错误反应：

1. 当着孩子面数落老师

孩子受了委屈，很多家长可能会选择为孩子撑腰，当着孩子的面数落老师的不是。这样的行为看似维护了孩子，但家长这样一说，孩子会认为："我爸爸妈妈都说了，是老师不好。"老师的形象被贬损，孩子只会越来越不喜欢这个老师，从而对老师和他上的课不以为然，影响听课效果。

2. 毫无原则的批评孩子

孩子不喜欢某一位老师，并不一定全是孩子的问题。家长不去了解事情的原委便断定老师肯定是对的，一定是自己的孩子没做好，不分青红皂白将孩子批评一顿。这种做法对孩子来说无异于雪上加霜，孩子只会越来越不喜欢老师，或者与老师产生对抗情绪，或者变得自卑内向，感到无助。这样的结果是扼杀了孩子的学习热情。

3. 漠视孩子的"控诉"

有些家长忙于其他事情，对孩子的"控诉"不加理会，对孩子的情绪不给予安抚，只是简单地叫孩子不要在意，学习好就行了。这种做法非常不可取，孩子回家诉苦，一方面是宣泄情绪，另一方面是寻求解决方法，家长反应漠然，孩子得不到帮助，以后有事也不愿和父母说了。

方案 消除孩子对老师的成见这样做

1. 有效沟通，了解孩子不喜欢老师的原因

如果孩子回家向家长抱怨某位老师，不要急着批评、指责孩子，孩子对老师不满、产生成见，一定是有原因的。家长应该坐下来认真和孩子谈一谈，了解孩子为什么对老师产生成见，是什么方面的成见：是不是受到了老师的不公正待遇，是不是老师冤枉了孩子，是不是被老师批评和处罚了，是不是上课没被老师提问而感到不被重视了，是不是不满意老师的某些做法了……当前，由于诸多因素，包括某些老师自身素质欠缺的原因，很多孩子对某些老师存在抵触心理，仅凭一些个人的主观感觉对老师下结论，认定自己不喜欢这位老师，自然也就不会认真听老师讲课了。

在和孩子沟通的过程中，家长不要急于表达自己的态度，要站在孩子的立场上，尊重孩子的自尊心。首先耐心地听孩子解释发生了什么事情，就算是天马行空的无稽之谈也要让他把话说完，千万不要在孩子情绪激动的时候制止他，或者试图即刻说服他，他不仅听不进去，还会适得其反。

当孩子谈到老师某些方面不好，而实质是孩子自己做的不太好的时候，家长一定要克制自己，不要立即否定孩子的情感体验和判断，不要用成人的眼光去指点教训孩子，以免引起与孩子的冲突。很多情况下，当一个孩子抱怨说不喜欢某一位老师时，他也知道错在自己，可能只是需要找一个倾诉的对象，把自己的一些情绪或不满发泄出来。这时，孩子最需要的是一双关切的耳朵，而不是一张说教、批评的嘴。所以，家长要给孩子提供倾诉的机会，学会倾听孩子的心声，要让孩子知道家长很关心他，愿意倾听他诉说的任何一件与他息息相关的事。如果确实是老师的错，家长要先安抚孩子的情绪，不要顺从孩子的想法谩骂、指责老师，也不要对孩子严厉说教，这样会让孩子产生逆反心理。之后再找老师进行沟通。

2. 亲师信道，让孩子挖掘老师的闪光点

亲其师，才能信其道，家长要鼓励孩子多亲近老师，与老师建立良好的师生关系。在与老师亲近的过程中，孩子自会发现老师的一些优点，从而消除对老师的成见。家长也可以到学校做一些侧面的观察、调查，找一些熟悉老师的人，尽可能多地了解老师的长处、闪光点，然后装作无意识地把老师的这些长处、闪光点告诉孩子。闪光点可以是多方面的，比如为人处事、讲课、教学成绩、荣誉、班级管理等方面，在孩子面前多夸奖老师，引导孩子认识老师的优点和长处，让孩子对自己的老师产生崇拜感。

思思上小学三年级的时候，对刚换的数学老师特别不适应，回家总向妈妈抱怨数学老师不如原来的老师讲得好，普通话也不好，她还模仿老师不标准的普通话来取笑老师。妈妈没有和思思一起说老师的不是，而是去学校详细了解了思思的数学老师，知道这位数学老师刚从乡镇学校选拔上来，教学成绩非常好。于是，妈妈当着思思的面，故意和爸爸说起数学老师获得的各种荣誉，讲课多么出色。两周后，从思思嘴里再也听不到对数学老师反感的话了，相反，思思说的都是数学老师多么好，因为她已经适应了数学老师的授课方式了。

家长还可以采用"哄"的办法，在孩子面前多说"我碰到你说的那位老师了，他夸你进步了""你老师夸你很聪明""你老师表扬你懂事、有礼貌"之类的话来"哄"孩子。因为喜欢是相互的，如果孩子知道老师很喜欢他，那他也就很容易消除对老师的成见了。当然，要"哄"得让孩子相信，时间长了，孩子就会改变对老师的看法。

3. 尊师重教，让孩子理解老师的辛苦和不足

尊师重教是中华民族的优良传统，家长要认真对孩子进行尊师教育。告诉孩子，老师也是普通人，难免会有缺点、会犯错误。没有完美的人，也没有完美的老师。可能老师有的观点不正确，或误解了某个同学，或是

"架子"比较大、太严厉，都是可能的，因为老师在工作中的缺点、错误就不尊敬老师是不对的。不管怎么说，老师是长者，做学生的应该把老师置于长者的位置，尊重老师。

家长在平时的家庭教育中要以身作则，对自己的老师表示尊重和喜爱，为孩子起到良好的示范作用。比如，家长可以带着孩子一起去拜访自己以前的老师；时常打电话问候老师，表达对老师的感激之情；逢年过节或在其他特殊的日子里为老师寄送礼品。同时引导孩子在"教师节"等节日里，亲手为老师制作一件小礼品等。

家长也可以给孩子提供一次体验当老师的机会，通过实践，提升孩子对老师工作的认识，增加对老师的理解，使其明白教学工作的特点和难处，体悟到老师工作的辛苦，将心比心，达到让孩子喜欢并欣赏老师的目的。有的孩子是游戏高手，家长不妨虚心请教，请孩子做自己的老师，并让孩子设定多长时间教会什么内容，达到何种状态即可"毕业"。让孩子感受一下，教一个不能"毕业"的学生，他会有什么感受。也可以利用业余时间，尤其是假期，为孩子提供担任低年级小朋友家教的机会，这样可以让孩子更真实地体验到做老师的辛苦。

4. 巧用激将法，鼓励孩子将挑剔化为动力

孩子越是不喜欢某位老师，就越容易用挑剔的眼光来对待该老师，特别是一些成绩比较优秀的孩子，总是认为老师知识水平不高，上课不够精彩。如果家长对孩子的引导作用不大的话，日本教育专家多湖辉先生少年时代适应老师的办法也许能给孩子带来些启示：

多湖辉先生在少年时代是一个无法无天的捣蛋鬼，学习时恶作剧的对象竟然还选到了老师头上，其中之一就是挑老师的错误。但是这样恶作剧却生出了意外的"副产品"：第一是想挑老师的错误，就非得认真、聚精会神地听课不可；第二是要想质问老师，就要事先有相当的准备及预习功课。这样，竟获得了不曾预期的结果，对于功课竟然热衷起来了。

老师都喜欢成绩优秀的学生，对成绩优秀的孩子也宽容得多，因此成绩一般的孩子会觉得老师"偏心"，变得不喜欢该老师。面对这种情况，家长应帮助孩子尽快提高不喜欢的老师所教学科的成绩，对有些个性强的孩子，可采用"激将法"："你不是很讨厌这个老师吗？那你就好好把这门课学好，让他对你刮目相看。"其实真到孩子成绩非常优秀的时候，他和老师的关系想不好都难了。

5. 和老师谈谈，多给孩子一些关注

家长要主动多与孩子的老师沟通，以尊敬、虚心的态度倾听老师的话，了解孩子在学校里的表现，同时与老师交流孩子的渴望和需求。让老师多关注孩子，包括提问、鼓励、表扬。如果能设法让老师给予孩子一些"偏爱"，比如批改作业详细一些，主动找孩子谈心，与孩子说话时表情语调亲切一些，多给孩子一些表扬、鼓励和单独辅导等，孩子很快就能改变对老师的成见。

家长在与老师交流中要向老师传达这样的信息：自己也会在家庭教育中对孩子进行指导，帮助孩子提高和改善。家长在跟老师充分沟通，了解了孩子的缺点、不足后，最好在一段时间内只选择一个重点对孩子进行要求。达到后，请老师给予肯定，让孩子重塑自信心以及对老师的爱戴。老师最希望的就是得到家长的配合和认可，得到了家长配合的信号，老师便会对孩子更关注，认识到为了孩子的进步家长也是在努力的。这点很重要，因为老师也面临着很大的压力，对孩子也会寄予很高的期望，如果家长能够配合老师，改正孩子的缺点，也会增加老师教育孩子的信心，对孩子更加关注和赞赏。

找老师沟通的时候千万不要跟老师说"我家孩子不喜欢你"这种话，要是真说了，估计以后不仅是孩子不喜欢老师，老师也会开始抵触孩子了。而且家长在与老师沟通时，一定要尽量避免孩子在场，悄悄给老师做工作，不要让孩子知道，否则要么老师会顾忌孩子颜面，反映的情况不真实，要么老师如实反映，让孩子觉得难堪，自尊心受到伤害。

老师难免会因为时间紧、工作量大、事务繁重等因素，无法面面俱到地对待班上的每一名同学。家长不妨根据孩子的需要，在与老师交流中，征得老师同意后"扮演"老师。比如：借老师的口吻以书信的形式将孩子的优点描述清楚，请老师签名，目的是鼓励孩子，拉近师生之间的关系；或者借助电子邮件，以老师的语气写一封给孩子的信，表达老师对孩子的关心和爱护，描述孩子的优点和期盼，经老师认可后再转发给家长，家长和孩子共读这封"老师的信件"，让孩子感受到老师的温暖和爱，将对老师的"不喜欢"转化为欣赏和感恩。

毫无纪律意识，影响自己与他人

纪律是成功的保证，有规矩才能成方圆。纪律是为适应家庭、集体以及社会需求而制定的，它规范人们的行为，使人们知道哪些事情能做、哪些事情不能做。纪律的目的不是剥夺孩子的自由，而是为了在自我克制方面向孩子提供正确的途径。

面对孩子专注力不强，在课堂上的捣乱行为，很多家长颇为无奈。

不久前，就有这样一位母亲苦恼地说："我家孩子今年刚上小学一年级，最近，他们班的班主任总跟我反映孩子课堂纪律差，经常开小差、做小动作、跟周边的同学讲话，老师的口头点名批评、罚站效果都不是特别明显，孩子只能保持几分钟就又开始小动作不断了。孩子在幼儿园的时候就有点好动，但是我当时没有特别严厉地去管，认为孩子还小，等大点之后跟他好好讲道理他就会明白的，结果变成现在这样，真不知道该用什么正确的方式来引导孩子。"

孩子不遵守纪律，让老师伤脑筋，也让家长伤脑筋。特别是老师向家长"告状"之后，家长总是着急得不得了，说孩子不听，又不能到学校看着他，当真是无计可施。那么孩子为什么会出现开小差、做小动作、跟周围同学说话的行为呢？主要是因为孩子纪律观念差，没有遵守课堂纪律的意识。

孩子不守课堂纪律有原因

家长不要一听到老师说孩子不遵守课堂纪律就直接责骂孩子，要仔细想一想为什么会这样。找到了原因才能找到有效的解决办法。

1. 期待老师的关系

孩子是家里最珍贵的宝石，家人的目光始终离不开孩子，在家长密切关注下长大的孩子始终有一种优越感，他会认为所有的人都会对自己投以与家长同样的关注。可是，当孩子进入学校之后，角色忽然发生了转变，孩子的自我优越感受到了威胁，不再是许多人围绕自己了。为了缓解这种情况，为了使老师给予自己更多的关注，孩子就得想办法了。在教室课堂上，老师对遵守规则、有良好表现的孩子并没有给予过多的注视、鼓励，而当孩子出现一些"捣乱"行为时，老师毫无疑问会把注视的目光投向"捣乱"者，孩子便有了被关注的机会。因此，为获得老师更多的关注，孩子便不断地以违反课堂纪律来引起老师的注意。

2. 孩子没有养成良好的行为习惯

孩子在入学之前没有培养起良好的行为习惯，包括按家长、老师要求做事的习惯，很容易导致入学后纪律不好，甚至一直不遵守纪律。习惯之间是互相关联的，好习惯如此，不良习惯也如此。一个孩子，如果玩具乱扔、文具乱放，不按时起居，不正常吃饭，生活没有规律，肯定不会有很好的纪律观念，上课自然不会遵守纪律。

方案 培养孩子课堂纪律观念这样做

1. 让孩子知道上课的纪律

很多入学不久的孩子暂时还未适应课堂的学习特点，再加上之前在幼儿园松散惯了，在此之前完全没有遵守课堂纪律的意识。对此，家长需要配合老师给孩子讲一讲上课的纪律，让他知道上课应该怎么做，如果他说话或者有其他动作，会影响到其他同学的学习。同时，家长要多一些耐心，可以在家里模拟课堂，和孩子一起当学生，严格遵守课上纪律。随着对新的学习环境的适应，孩子会逐渐学会听课。

2. 正确对待孩子获取关注的心理

如果孩子在课堂上"捣乱"是为了满足自己被关注的心理，家长可以多给孩子一些关爱，对孩子的行为和情绪表示理解，让孩子得到被关注的满足。也可以告诉孩子，只有良好的行为才能更被关注，如果想得到老师和同学的关注，就争取做一个积极思考、热爱学习的学生。另外，家长也可以联系老师，请老师对孩子因希望得到关注而不专心听课的行为进行"冷处理"，这样孩子就能逐渐认识到"小动作"并不能引起大家的关注，从而减少违反课堂纪律的行为。

3. 规范孩子的生活秩序

俗话说"国有国法，家有家规"。这里的"家规"从某种意义上来说就是孩子的生活秩序。只有孩子的生活有秩序，他才能在学习中、在课堂上有纪律。所以，家长要在生活中让孩子做到作息规律、按时吃饭，文具不乱放、玩具不乱扔，自己的事情自己做。有意识的不断地给孩子制订一些规矩，让孩子按规矩、要求去做，使他知道什么事该做，什么事不该做，从小就懂得按规矩办事，培养其纪律性，如此孩子才能在课堂上守好纪律，专心听课。

4. 强化孩子的生活习惯

家长对孩子的纪律要求要坚持，不能迁就孩子的任性和执拗，必须将慈爱与严格要求结合起来。家长的爱心和严格要求，经过长期培养后就能形成习惯，有了这种习惯，孩子对家长的要求和安排才能乐意执行。反之，就容易让孩子产生随性的"错觉"，放松要求。随着孩子年龄的递增以及心理能力的提高，家长要不断修改家庭原有的行为规范，不断鼓励和赞赏孩子已经养成的各种正确的生活习惯，并提出新的内容和要求。同时注意不断扩大其生活内容，拓宽其活动范围，以提高孩子的认识能力，如对待劳动、工作、游戏、作业的态度和责任。

错误的态度无法养成正确的习惯

> 美国心理学之父威廉·詹姆斯说:"这个世界上最伟大的发现是:人们可以通过改变自己的态度,从而改变人生。"这句话是至理名言。改变行为的关键是转变态度,同样的,要想提高学习成绩,关键是端正学习态度。

孩子的学习态度不同,对待学习的专注力就不同,学习成绩就不同。孩子的学习态度不好,学习成绩自然提高不了。一般来说,孩子学习态度不端正的表现有:上课注意力不集中,不认真听讲,不愿意认真阅读课本,对老师所讲的问题不进行积极思考;对学习活动没有热情,不愿意或根本不做作业,学习上没有克服困难的决心和信心;盼望过星期日和放假,不想上学,部分孩子甚至迷恋上电子游戏等娱乐活动;对家长、老师提出的学习要求置之不理等。因此,如何使孩子改正不良的学习态度,是老师和家长的一个重大课题。

孩子学习、作业态度不良的形成原因

1. 缺乏责任心,不重视学习

孩子缺少认真负责、一丝不苟的学习心态,对学习的重要性和必要性认识不足,抱着无所谓的心理,对学习毫不在意。在学习和作业中表现得极为慵懒，听课时心不在焉，不愿多听一分钟，做作业则敷衍了事，不愿多写一个字。孩子思想上对学习的不重视，必然导致学习和作业态度的不端正。

2. 沉迷游戏，无心学习

有的家长强制孩子学习，不准孩子有文化学习以外的活动，严重忽视了孩子的个性特点，孩子感到"活得很累"，需要一个宣泄不满、体验成功的渠道。而电子游戏机等娱乐活动就提供了这样的渠道，那些认为读书枯燥无味的孩子在所谓的娱乐活动中找到了乐趣和刺激。这种乐趣与刺激使他们如醉如痴，不能自拔，无心学习。

3. 骄傲自满，轻视学习

很多家长看到自己孩子的接受能力较强，成绩也挺不错，或者某次考试成绩优异，便会不由自主地表扬夸奖。但是一定要适度，因为孩子可能经不起这种赞誉，变得骄傲自满，容易产生轻视学习、轻视作业的心理。课堂上听了一点就觉得自己已经听明白不需要再认真听讲，实际上是一知半解；课后作业一看题似乎自己会做便觉得不必做了，实际上并没有真正弄懂。

4. 基础差，自信心不足

有的孩子由于基础差，或学习上没有得到及时辅导，或有心理障碍，便落后了，成了班上的差生，要想赶上学习成绩好的孩子又没信心，离开学校又不可能，长期的落后，使孩子的自信心严重受损，因而产生消极的学习态度。

5. 压力大，厌倦学习

老师、家长对孩子寄予厚望，但是只注重向孩子的大脑硬灌知识，不注意培养他的基本能力，而且很少让孩子接触大自然、接触社会，作业、考试把孩子的时间几乎全占据了，没有自由支配的时间，导致孩子把学习视为苦差事，从而在一定程度上对学习也产生了厌倦态度。

6. 受家庭、社会的负面影响

家庭、社会对孩子的负面影响使一些孩子产生了不良的学习态度。有的家长的思想言行和教育方法欠正确，其"读书无用"的观点影响了孩子；有的家长对孩子百依百顺，助长了孩子的优越感，使孩子丧失了进取心而不愿学习；有的家长一方面要求孩子认真学习，一方面自己通宵达旦地打麻将、唱卡拉OK等。另外，社会上的一些不良风气，错误的舆论导向也助长了孩子不愿学习的思想。

方案　端正孩子的学习态度，提升专注力这样做

1. 用明确的学习目标调动孩子的积极性

家长要端正孩子的学习动机与态度，关键是要给孩子设置一个明确、合理的学习目标。所谓明确、合理，是指孩子通过自己的努力能达成的目标，心理学上称之为"最近发展区"。家长要根据孩子的具体情况，包括智力水平、身体状况、现有基础、兴趣意愿、意志毅力、物质条件、环境氛围等，本着"跳一跳，摸得到"的原则，帮助孩子制定合理的目标。这样，孩子才会对目标充满信心，竭尽全力为目标的实现而奋斗，并在目标实施过程和达成中感受到成功的快感和满足，从而进一步认同目标，使学习成为自觉的内化行为。

2. 用赞美和奖励激发孩子的求知欲

喜欢得到赞美是人的天性，一个人的成功，离不开鼓励和赞美。人人都需要赞美，如同万物生长需要阳光的温暖一样。没有鼓励和赞美，孩子会在精神上有失落感。所以适时适度地对孩子进行鼓励和赞美，能使孩子获得力量和希望。在夸奖孩子时，最好是提出孩子自己都没有想到的优点，这样才能提高孩子的自信心，使孩子在各方面都获得优异的成绩。

奖励对于孩子的成长来说，不是可有可无的，而是孩子心理深层次的需要。奖励不但能成为孩子进步的动力，还有助于提高孩子的学习成绩。家长奖励孩子时一定要讲究方法：对学龄前孩子的奖励应以精神奖励为主，适当来点物质奖励；对低中年级孩子的奖励应持续不断，使他们好的行为得以巩固并形成习惯；对高年级孩子的奖励一定要真实诚恳、有的放矢。否则，孩子会怀疑家长是在敷衍他。对各种年龄阶段皆宜的鼓励方法是立标杆、树榜样，如果把榜样建立在孩子渴望模仿学习的基础之上会特别有效。

3. 用榜样的力量激励孩子不断进取

孩子具有很强的群集性和模仿性，他们天天生活在伙伴中、集体中，亲眼所见那些学习好的同学得到老师和家长更多的关爱，得到同伴的认可和尊重，被评为"三好学生"或"优秀少先队员"，成为大家学习的榜样。这样耳濡目染，孩子的头脑中会逐步形成"好学生"的信念、标准，成为支配自己学习的动力和准则。

4. 对学习困难的孩子加强学习方法的指导

针对孩子的学习困难，家长要帮助他找出困难的症结，加强学习方法的指导，制定"补差"的计划，鼓励孩子战胜困难，变被动为主动。

5. 让骄傲的孩子学会客观评价自己

骄傲的孩子生活在自己的世界里，这对他十分不利。这些"骄傲"会让他们抱着轻视的态度去学习，不认真听讲、写作业。所以家长既要让孩子对学习有自信，也不能让他过于自信，变得骄傲。

孩子出现骄傲自满的态度往往是过高地估计了自己，认为自己比谁都强，只看到自己的长处，看不到自己的短处，处处以自我为中心。如果孩子表现出这种状态，那么家长万万不要再事事都"夸奖"孩子了。在表扬孩子时，要高度重视感情的作用，尽量做到"浓淡"适度；孩子犯了错，也必须严肃地批评。要让孩子学会正确地评价自己，既认识到自己的优点，又看到自己的缺点。

为什么外面的世界那么有吸引力

> 给一个 2 岁的幼儿一件玩具，他的兴趣能持续几分钟；给一个 4 岁的幼儿讲故事，他的专心能维持 12 分钟。但当孩子到了 6 岁，全神贯注做一件事情的时间可以持续 20 分钟左右。

孩子专注力不强，注意力分散，通常表现为两种情况：其一是注意力漂浮不定，专注的目标会经常转移；其二是心不在焉，常沉浸于"白日梦"而忘记眼前的事情。后者其实不是注意力不集中，只是将注意力放错了对象。

浩浩是一个好动的孩子，上课时间与下课时间对他来说没有什么太大差别，即使明知老师已经在注意他，但他还是忍不住要回过头去看他后面的同学在干什么。

下课后，老师问他："你上课时不是好好的吗？为什么要回过头去看别人呢？"

浩浩摇头晃脑地回答："也没什么，就是忍不住往后看一下。"

老师接着问："后面有什么，值得你那么想去看呢？等到下课了再看不行吗？"

"我也不知道我想看什么，只是觉得老盯着前面累得慌，动一下脑袋挺舒服的。"浩浩答道。

虽然妈妈也屡次严厉批评浩浩"三心二意"的毛病，可是他就是改不了。妈妈曾一度怀疑自己的儿子是不是得了多动症，一刻也不能静下心来，可是医生检查过以后说，浩浩非常健康，根本没有多动症。

许多孩子在学习上注意力不集中，为此家长忧心忡忡。很多家长甚至像例子中的浩浩妈妈一样，认为孩子得了多动症。其实，家长的这些忧虑是没有必要的。要知道，孩子注意力的发展是随着年龄的增长而不断提高的。家长要求4~5岁的孩子像大人一样安安静静地伏案学习半个小时甚至一个小时是不太可能的，孩子组织和控制自己注意的能力还没有达到这个程度。但这并不是说家长就可以忽视孩子注意力不集中的问题，而是要家长适度培养孩子注意力的问题。

造成孩子注意力分散的原因

1. 疲劳

孩子神经系统的功能还未充分发展，长时间处于紧张状态或从事单调活动，便会产生疲劳。此外，睡眠不足也是造成疲劳的另一重要原因，有的家长不重视孩子的作息规律，孩子缺乏严格的生活制度，经常因为写作业太晚或者玩得太晚而导致睡眠不足。孩子感到疲劳之后大脑会自然出现"保护性抑制"，起初表现为无精打采，随之注意力开始涣散。

2. 不善于转移注意力

孩子注意力的转移品质还没有充分发展，因而不善于依照要求主动地调动自己的注意力。例如，孩子在听完一个有趣的故事后，可能受其中某些情节的影响，注意力难以迅速地转移到新的活动上去，因而从事新的活动时往往还"惦记"着前一活动，从而出现注意力分散的现象。

3. 无关刺激过多

我们通常所说的"集中注意"是指有意注意，即有目的、需要一定意志努力的注意，与之相对的是无意注意，即没有预定目的、不需要意志努力、不由自主地对一定事物所产生的注意。孩子的意志单薄，所以无意注意占优势，容易被新奇的、多变的或强烈的刺激物所吸引，加之孩子注意力的稳定性较差，容易受无关刺激的影响。例如，教室的布置过于繁杂，环境过于喧闹，甚至老师的服饰过于奇异，都可能影响孩子的注意力，使他们不能把注意集中于应该注意的对象上。

4. 看电视过多

电视是注意力杀手，长期看电视的孩子习惯了电视的流动画面，所以在学校课堂上就不习惯静静地听老师讲课。很多家长现在都选择用平板电脑或学习机来辅导孩子学习，但是这是被动型的学习方式，没有互动，既不利于对孩子创造思维的培养，也会导致孩子语言能力发展迟滞。

5. 没有指导

家长如果只是把过多的玩具和书籍扔给孩子自己去玩，没有加以指导，孩子就很容易形成浮躁和注意力涣散的毛病。因为孩子一般会很快地厌倦玩具和书籍，不断地换玩具，一本书一本书地乱翻。久而久之，注意力不集中的习惯就形成了。

方案　提高孩子注意力这样做

1. 提高孩子注意力，家长应该做什么

培养孩子的注意力应该从幼儿阶段就开始。培养方法应符合孩子身心发展的特点。对于1~2岁的孩子，家长可以给他讲故事，故事要短，语言要符合儿童的特点，给他们看的图片要色彩鲜艳。对于3~4岁的孩子，家长可以和孩子一起做一些持续时间较长的游戏，讲的故事应该生动有趣、有一定故事情节。对于5~6岁的孩子，家长可以提出要求让他坚决按时完成某项工作，或者讲完一个情节较复杂的故事让孩子复述，教孩子唱歌、练习画画等，都有助于培养孩子的注意力。具体可以按照以下几点进行。

（1）帮助孩子明确目标。家长要让孩子明确学习、奋斗的目标，并通过自己的努力达到目标。只有让孩子明确了远大的目标（更有乐趣、有价值、有实现的可能），才能培养其注意力。

（2）培养孩子稳定而广泛的兴趣。"兴趣是最好的老师"，孩子一旦对某一事物发生了兴趣，就会集中注意力，专心致志。家长应鼓励孩子把兴趣向纵深发展，切忌一时兴起，三天打鱼，两天晒网。

（3）让孩子做事有始有终。在游戏、学习及家务劳动中，家长应尽量保证孩子进行有目的、有意识、有始有终的活动。这对培养孩子的注意力是十分重要的。还有一种非常有效的办法就是经常和孩子下棋，并带一点比赛性质，以培养孩子独立思考、解决问题的能力和竞争的精神。

（4）做好孩子的"后勤"保障。家长在孩子学习时，尽量避免环境因素干扰，分散其注意力。如孩子的书房不能布置得过于花哨，家长看电视、听音乐、与客人谈话的声音不要太高，要尽量给孩子创造一个安静的环境。饥饿、吃得过饱、疲乏也是导致孩子注意力涣散的常见原因，家长要有针对性的做好"后勤"保障。

2. 保持注意力的集中，孩子可以做什么

（1）养成良好的睡眠习惯。孩子无论是因为用功学习还是玩游戏，晚上都不能太晚休息。因为孩子的主要学习任务应该在白天完成，晚上睡晚了，白天就会无精打采，必然效率低下。所以，千万别让孩子做"夜猫子"，要做"百灵鸟"，按时睡觉按时起床，养足精神，提高白天的学习效率。

（2）学会自我减压。孩子的学习任务本来就很重，老师、家长的期望又给孩子的心理加上一道砝码，再加上有些孩子自己对成绩、考试等也看得很重，无疑给自己加压，必然不堪重负，变得疲惫、紧张和烦躁，心理上难得片刻宁静。因此，要让孩子学会自我减压，别把成绩的好坏看得太重。一分耕耘，一分收获，只要平日努力了，付出了，必然会有好的回报，不必有太大压力。

（3）做些放松训练。舒适地坐在椅子上或躺在床上，然后向身体的各部位传递休息的信息。放松从双脚开始，经过脚踝、小腿、膝盖、大腿、躯干，到颈部、脸部、头部，全面放松。这种放松训练的技术，需要反复练习才能较好地掌握，而一旦掌握了这种技术，孩子会在短短的几分钟内达到轻松、平静的状态。

别让负面情绪毁了孩子的专注力

> 能有效控制自己情绪，保持良好的自我心态，是主宰自我的基础。培养自我克制的能力、理性地思考和判断能力，是今后能否取得成功的必要前提。如果一个人想光荣地、和平地度过他的一生，就绝对有必要学会自我克制。

有些孩子课堂上无法集中注意力，写作业拖拖拉拉，很有可能是因为情绪不稳导致的。

姝姝今年9岁，原来脾气不错，也很听话，可最近，为了写作业拖拉的问题，动不动就跟妈妈顶嘴，作业遇到问题，妈妈让她好好想一想，她就不耐烦地喊："烦死了，烦死了！"为此妈妈很是烦恼，不知道该怎么办了。

情绪是指人对客观事物态度的体验，是人的需要获得满足与否的反映，是人的内心世界的窗口，同时也会极大地影响人的心情。对于孩子的学习来说，情绪具有两极性：良好的情绪，会使大脑处于兴奋状态，让孩子产生学习知识的强烈愿望，思维敏捷、想象力丰富；而烦躁、焦虑、愁闷、恐惧等不良情绪，则会减弱孩子学习的愿望和兴趣，扼制创造性思维，降低自我控制能力和学习效率。有研究证明，心情不好时思想很难集中，而且体内会分泌有害激素，麻痹神经，导致学习效率下降。

孩子负面情绪产生的原因

1. 孩子自身的主观原因

（1）自身性格造成的。性格有内向型、外向型和介于内向与外向之间的性格。外向型性格的孩子开朗、活泼，喜欢倾诉和语言表达，自己有了不顺心的事喜欢和朋友一吐为快，不容易产生不良情绪。内向型性格的孩子经常自我剖析，做事谨慎、深思熟虑、交往面窄、害怕困难等，往往会出现各种不良情绪。介于内向型和外向型之间性格的孩子，如果内向性格占了上风，结果会和内向型的人一样，容易出现不良情绪。

（2）自身素质造成的。自身素质包括身体素质、文化素质等。身体素质差的孩子，同样一件事情同龄人能做而自己由于身体原因做不了，就会产生自卑心理，出现不良情绪。文化素质差的孩子同样如此。

（3）自身兴趣爱好造成的。自身兴趣爱好的差异会影响孩子的情绪。比如，有的孩子兴趣广泛，不良情绪可以通过这些兴趣进行调节。而兴趣少、甚至没有什么兴趣爱好的孩子，无法排解心中的郁闷和不快，这样长期下去，就可能产生不良的情绪。

2. 家庭教育的消极影响

家长是孩子的启蒙老师，家长的一言一行都会影响孩子的发展。家长的溺爱、苛责、漠视，都有可能造成孩子的不良情绪。总结来说有以下几种情况：

（1）孩子从小身体不好，经常生病，得到家人各方面的百般照顾，使他养成了"别人就应该依从我"的心理。一旦不依从，从心理上便无法自控。

（2）父母平时不在孩子身边，短暂的相聚恨不得把所有都补偿给孩子，即使孩子的一些过分要求也盲目满足。因此，当孩子的欲望没能满足时，就会大发脾气。

（3）孩子平时受到过分的宠爱，很少受挫折，心理承受力差。当他遇到批评或相反的意见时，便无法忍受。

（4）有些孩子曾经有过这样的经历：当他大发脾气、大哭大闹后家长就屈服了。从此，他就发现发脾气的妙用，把发脾气作为要挟家长的手段。

（5）由于家长情绪不好或脾气暴躁，经常莫名其妙地责骂孩子，或家长许诺了的事情言而无信，孩子无法理解，长时间的心情压抑或不满，孩子便会用发脾气来发泄。

方案　帮助孩子学会控制情绪这样做

1. 给孩子在合理范围内表达情绪的权利

孩子能够充分地、合理地表达自己的情绪，正是孩子心理发育基本健康的标志。但孩子毕竟是孩子，他的情绪、表达方式难免会有偏颇，有时会发生对自己和他人都不利的情绪过激现象，例如：孩子会因发脾气与别的孩子争吵打架，会冲着长辈和老师发脾气，或者脾气上来碰头捶胸、摔砸物品等。这些都是不合情理的。遇到这些情况时，家长不应视而不见，而要采取一致意见进行严厉制止，让孩子知道发泄情绪也应有一定的界限，自己发泄情绪不应损害别人的利益和损坏物品。尽量鼓励孩子用语言表达自己的情绪，告诉他遇到问题时要讲道理，说原因，而不要动不动就乱闹、发脾气。

2. 关心孩子的心理

生活中经常会发生一些不愉快的事情，这些事情会影响人的情绪，尤其是遭受挫折时，人们会沮丧、抑郁，孩子也不例外。例如，孩子在学校没有考好，没有评上"三好学生"等，这时比较要强的孩子就会出现明显的挫折感，情绪低落，怕同学老师看不起，也可能怕受到家长责怪，表现得话少、紧张、沉默，如果孩子能够在较短时间内自我调节过来，那么家长也就不必担心。如果孩子经过一段时间还是情绪不好，家长就应该干预。

比如，孩子因为考试成绩差了一些而不高兴，家长可以根据具体情况帮孩子分析原因。考不好是因为考试时粗心大意、对某一道题理解错误、还是学习不够用功，找到原因后家长不要过分批评孩子，而应鼓励孩子在以后多加把劲，平时把功课学好，考试时注意细心检查，把考试成绩提上去。家长也可以告诉孩子："一次考试成绩差一些并不能说明什么问题，也不能代表你是一个笨孩子，老师也不会看不起你的。"以此来帮助孩子把期望值放得低一些，更符合自己的情况，告诉孩子只要比昨天进步了就是成功。

3. 教给孩子控制情绪的方法

（1）转移注意力。为避免孩子遭遇挫折后长期沉浸在痛苦中，家长应该教会孩子尽快地把注意力转移到有意义的事情上去，转移到最能使孩子感到自信、愉快和充实的活动上去。

（2）换一个角度看问题。孩子情绪不佳时，家长可以引导孩子对事情做出新的解释，换一个角度看问题，跳出原有的框架，使自己的精神得到解脱，以便把精力全部集中到自己所追求的目标上。

（3）"化悲痛为力量"。家长可以引导孩子把负面情绪引到积极、有益的方向，化悲痛为力量，使负面情绪具有建设性的意义和价值。

方法比努力更重要

> 不同的人对不同的感觉器官和感知通道有不同的偏爱，有些人更喜欢通过视觉的方式接受信息，有一些人更喜欢通过听觉了解外在世界，一些人更习惯通过动手（或身体运动）来探索外部世界，从而掌握有关信息。

所谓的专注力不强，就是在进行某件事情的时候，注意力跑到了别的地方去。表现在孩子身上就是上课或自学时经常注意力不集中，想一些与学习无关的事情。如上课听讲时，稍有动静就东张西望，人在教室心在外。

阳阳很小就很聪明，只要是看过的东西都记得很牢。但是，阳阳更喜欢打打闹闹。阳阳爸爸总是说："让这孩子安静下来怎么就这么难呢？"阳阳自己也很烦恼："上课时我也很想认真听讲，可盯着老师一会儿就累了，实在控制不住。"

对于阳阳这种情况，家长责骂是没有用的，并不是孩子态度不好、不努力，而是一些客观原因导致孩子控制不住自己。比如孩子的自身气质，家长不能要求一个很活泼的孩子同时具备成熟稳重的气质。所以，家长不要一开始就责备孩子不努力，也许孩子已经尽力了，只是学习方法和他的气质特征不相符导致的，家长应该先了解孩子，确定孩子的学习类型再对

症下药，帮助孩子克服上课易走神的毛病。

方案 针对孩子的学习类型这样做

孩子的学习通道有三部分：视觉、听觉和运动，因此也就把侧重于某个通道的学习方式称之为视觉型、听觉型和运动型的学习类型。当然，这样划分不等于孩子光用视觉、听觉或者运动的单一通道进行学习，而是说孩子的某一个感觉通道比其他的感觉通道更容易协调并影响学习。

1. 视觉型

视觉型的孩子观察力敏锐，在小的时候，他们就经常会发现成人或同龄的孩子没有注意到的东西，他们很早认识颜色，喜欢玩拼图游戏，长时间画画也不觉得厌烦。在他们哭闹的时候，一看见父母亲切的脸或者心爱的玩具，就会很快地平静下来。

同时，视觉型的孩子也不喜欢用言语来表达自己的思想，但有着极强的想象力和视觉注意力。他们会很快把自己的玩具和书本整理好，并且能够把看到的东西画出来。他们的动手能力很强，喜欢拆拼或组装玩具和零件。

针对视觉型的孩子，家长可以做这样的工作来提高孩子的学习能力：

（1）和孩子一起制订一份有规律的活动计划，并且把不同时间需要做的事情用不同的笔标注出来。比如吃饭的时间用钢笔，写作业的时间用圆珠笔，游戏的时间用水彩笔，使孩子能够清楚地获得提示，合理地安排自己的学习与生活。

（2）给孩子提供一个安静的学习环境和一张整洁的书桌，使他能够集中注意力。

（3）多用提纲或图表帮助孩子预习或者复习。因为视觉型的孩子有较强的构图能力，而且这种方法能促进孩子左右大脑的运用，提高孩子对所学知识的理解。

（4）在孩子记忆某些概念或知识要点时，可以让孩子闭上眼睛，想象用实物形象或者图画来与之产生联系，以提升其记忆效率。

（5）当孩子阅读时，可以让他边读边做笔记，因为做笔记是视觉型孩子的强项。

（6）可以用卡片来帮助孩子学习。比如为不同的科目或不同的学习任务制作不同的卡片，以便随时查阅。

2. 听觉型

听觉型孩子的口语表达能力极强，从小就喜欢听或者讲故事，听课很容易记住；对家长的口头指示也能迅速反应，不用一遍遍地重复；喜欢音乐、戏剧以及有表现力的活动，如果要求他们用语言把作业复述一遍，将是他们最喜欢的学习方式。

听觉型的孩子往往会因听觉过于灵敏而容易分散注意力，或者上课时喜欢讲话而受到批评、责备。针对听觉型的孩子，家长可以从以下几方面进行改善：

（1）让孩子大声朗读课文或者公式，有助于听觉型孩子对概念有更好的理解。

（2）让孩子把思考过程用语言叙述出来，这样能够帮助他理清思路、纠正错误的理解。

（3）用富有节奏感和韵律的儿歌或者诗词帮助孩子更快地记忆。

（4）让孩子组成学习小组，这样他们可以通过交谈、讨论、朗读等方法来促进学习。

（5）让孩子把学习中碰到的问题用录音机录下来，并在每个问题的后面留出一段时间，然后边播放边让孩子自己回答。这种方式可以充分地发挥听觉型孩子喜欢听、愿意说的特点，有效率地学习。

（6）用鼓励性的语言来激励孩子的学习热情。因为听觉型的孩子对于语言的感受能力是非常强烈的，对他所说的话很容易转变成为他内心的动力或者阻力。

（7）为孩子提供一个相对安静的学习场所，以便帮助孩子集中注意力。

3. 运动型

运动型的孩子好动，总是喜欢把自己的身体融入学习活动中来。对他们来说，"做"永远比"听"和"看"来得更快更容易。他们往往在运动协调上表现优异，喜欢节奏感强、技巧高的活动，很快就能把某项运动技巧学得有模有样；他们擅长把具体的事物当作学习工具，通过接触和实验来掌握或理解所学的知识。

通常，运动型孩子有着很强烈的好奇心，富有创造性，喜欢联想，总是跳跃性地思考很多问题。然而，正是由于他们充沛的精力，强烈的好奇心，手脚不停地动作，也使他们很容易被扣上"多动症"的帽子。针对运动型的孩子，家长可以从以下几方面入手改善：

（1）理解孩子不是天生的"好动者"，只是想要积极表现自己而已。

（2）多对孩子进行鼓励，鼓励不要只停留在眼神和语言上，最好给他一个拥抱，因为运动型的孩子往往更喜欢感受亲人的爱抚。

（3）对孩子多用手势语言。有研究表明，手势语言能够帮助孩子关注和理解家长所说的内容。

（4）与孩子一起阅读，并在阅读过程中停下来提问："猜猜下面会发生什么事？"这样可以激发孩子丰富的联想，发展他的思维能力。

（5）多用实物来帮助孩子记忆，让孩子感觉到玩中学、做中学的无限乐趣。

第 2 章

提高孩子专注力关键步骤 2:
从兴趣开始

引导孩子爱上学习，不断加强专注力

> 学习是一个过程，就像一个人要长大就要吃饭一样。通过学习，孩子可以汲取前人经验，学会分析思索，了解做人做事的规矩，掌握各种知识……孩子在学习中一天天成长。

很多家长认为：上学就是学习，做作业就是学习，看书就是学习……孩子学习就是为了多学知识，为了考上大学，为了有个好工作……其实，这只是狭义上的学习，即在老师指导下，有目的、有计划、有组织、有系统地进行学习，是在较短时间内接受前人所积累的文化科学知识，并以此来充实自己的过程。广义上的学习，并不是学习本身，而是指学习的能力，如专注力、观察力、思考力、应用力、自觉力、记忆力、想象力、创造力等，这些都是学习的能力。如果孩子没有学习能力，不懂得正确地学习，只一味地死读书、读死书，知识学习也同样不会有好结果，其他能力的培养也会受到影响。

方案 提高孩子学习能力这样做

1. 告诉孩子学习不是为了分数

家长只有自己正确认识分数的真正意义，才能让孩子正确面对自己的成绩。孩子的分数没有达到理想目标有许多原因，如粗心、理解能力有待提高、心理原因等。家长要能看到孩子分数背后所反映出来的更深层次的意义，而不要单纯地凭借那几个数字就对孩子直接下定论。除了学习，孩子还有很多需要发展的方面。家长要不断提醒孩子，学习不是只为了分数，以免成为"高分数，低能力"的孩子。

2. 让学习变得有吸引力

家长要认真地听孩子讲述在学校的见闻，有意识地对孩子讲述的事情表现出极大的兴趣，关心孩子在学校的生活，这样会使孩子在不知不觉中形成一种意识，即学习是愉快的、有趣的。

家长要鼓励、支持孩子在学校参加各种课余活动，如唱歌、跳舞、手工制作等。有的家长怕影响孩子学习，不让孩子参加学校的课余活动，这样不仅不利于孩子扩大知识面，还会让孩子觉得学习太过枯燥，失去对学习的兴趣。

3. 让孩子学会应用学到的知识

家长平时要有意识地让孩子用所学到的知识解决实际的问题，将知识应用于生活。这样有助于孩子了解知识的价值和学习的意义，增强学习的内驱力，养成运用所学知识解决实际问题的良好习惯，提高孩子解决实际问题的能力。

4. 培养孩子的自学能力

培养孩子的自学能力不仅是孩子自身发展的需要，也是社会发展的需要。

（1）不断提高孩子的阅读能力。阅读能力是孩子不可或缺的自主学习能力，家长应该有意识地让孩子广泛阅读中外名著，丰富知识、拓宽视野，提高孩子的阅读速度和质量。

（2）让孩子学会利用各种工具书。工具书对孩子的学习有很大帮助，家长要让孩子学会如何使用，比如字典、词典、百科全书等。

（3）帮助孩子学会独立思考。尽量让孩子独立地观察事物，鼓励孩子独立思考，进行综合归纳、自由表述，目的是要培养孩子的理解能力、记忆能力、观察思考能力、灵活迁移能力、综合概括能力、动手动口能力和创造能力。

5. 培养孩子利用多媒体进行学习的能力

现代社会已经进入信息社会，电子技术正以前所未有的规模和速度改变着我们的生活。以前获取知识的渠道较为单一，书本几乎是唯一的信息载体，而现在，铺天盖地的视听传媒、电脑、卡通、电子游戏机等已经改变了孩子们传统的阅读方式。孩子学习的渠道呈多元化趋势，电子媒介为孩子认识世界、获取信息提供了更为广阔的平台，所以家长要培养孩子正确利用多媒体进行学习的能力。

影响孩子学习活动的多媒体主要有两种，即电视机和电脑。电视机对孩子的影响既有有利的一面，又有不利的一面，不过只要控制好，更多的是有利的一面。电视所具有的传播迅速、逼真、生动，能及时反映社会的特点，能够增加孩子的知识，激发孩子的想象，促进孩子思考问题，对孩子知识的积累和正确世界观的形成有着重要影响。因此家长可以选择内容、控制时间、加强引导，让孩子在适当的时间内看合适的电视内容。

电脑和互联网是孩子今后工作的主要工具。因为它具有信息量大、传播速度快、集多种感官刺激于一体等特点，适合孩子好奇心强、兴趣多变的天性，深受孩子们的喜欢。让孩子用电脑开展学习和娱乐活动，有益于孩子身心健康，掌握新知识，培养创新意识和创造能力。因此，有条件的家庭要尽可能地为孩子提供直接使用电脑的机会。当然，家长也要防止孩子迷上电脑，特别是迷上游戏，那样既不利于孩子的身心发育，又会对孩子的正常学习带来极为不利的影响。

诱发求知欲，让孩子对学习充满热情

> 求知欲是推动人们自己去探求知识并带有感情色彩的一种内在要求，是探索、了解自己所未知事物的欲望，是人们追求知识的动力。如果孩子有了求知欲，就会对学习充满热情，并坚持不懈地探究。

孩子之所以写作业慢，对学习不感兴趣，难以集中注意力很有可能是丧失了攫取知识的热情，即求知欲不强。

一个求知欲强烈的人，总是用好奇的目光注视周围世界的一切事物，从中捕捉自己需要的奇妙的"猎物"，获取新知识。对于孩子而言，求知欲是指对知识的学习有一种内在的渴望，按照通俗的话说，就是"爱学"。孩子只有"爱学"，对丰富的知识和优秀的成绩有内在、持续的追求愿望，才可能"学好"，并持续地保持好成绩。所以求知欲对孩子来说尤为重要。

小爱因斯坦的父亲给他买来一个小罗盘玩具。小爱因斯坦拿到这个玩具，高兴极了，摆弄来摆弄去爱不释手。忽然，他的眼睛被玻璃下面轻轻抖动的那根红色小针吸引住了。他把罗盘翻转过来，倒转过去，可罗盘下的那根小红针老是指着原来的方向不变。他好奇地问父亲："爸爸，这根小红针怎么老是不变方向呢？"父亲没有马上回答他的提问，而是对他说："你再好好思考思考。"

就这样，一个小罗盘唤起了这位未来科学家探索事物原委的好奇心。

可见，求知欲具有神奇的效力，它能激发起孩子学习的热情、毅力和强烈的上进心。作为家长，需要特别重视如何诱发孩子的求知欲。

诱发孩子求知欲的原理

1. 内因与外因相互作用

孩子的求知欲是通过内因与外因相互作用形成的。《论语·述而》里说的"不愤不启，不悱不发"，就是指求知欲的内外因互相作用的过程最终转变为孩子自主求知愿望的状态。

（1）外在求知欲。由外因所导致的求知欲叫作外在求知欲，外在求知欲在孩子学习过程中的作用呈不稳定状态。孩子在形成内在求知欲之前，随着知识的增加，社会接触面的扩大，外在求知欲的鞭策作用将由强变弱，如果在此过程中过分强调外在求知欲的作用，反而会加速孩子厌学，只有外在和内在的两者相互作用，才能起到作用。

因此，外在求知欲不是最终的目的，而应该是通过外在求知欲的诱发，最终引导孩子形成稳定的内在求知欲。

（2）内在求知欲。所谓内在求知欲，就是孩子有意识或者潜意识地运用已学过的知识进行推理、接受新知识，并在此过程中找到动脑的感觉和自己智慧的存在，从而强化能力，让孩子从心里感受到付出和回报之间的平衡，感受到知识的作用，领悟到学习的真谛，从而产生发自内心地想拥有更多知识的欲望。

也就是说，要想让孩子产生强烈的求知欲，主动去求知，就要在外在诱因的作用下让孩子形成动机，产生求知行为，然后在行为结果的不断强化下形成内在求知欲，从而进一步促进孩子的求知行为。

2. 形成"空穴"

人们活在一个充满对称结构和因果关系的物理世界中，一切物质都在持续地运动着，因而人也具有相应的心理特征：喜欢追求规律性，如对称、均衡、持续、普遍、完满等。一旦这种规律、对称、完满等有了缺陷或者遭到破坏，该有而没有，就出现了"空穴"。"空穴"会让人产生完满心理，使人产生去填补上这个"空穴"的欲望。家长要想诱发孩子的求知欲，就可以利用这一原理让孩子形成"空穴"。怎样形成空穴呢？一是让孩子感到"该有"，二是让孩子看清"没有"。

孩子的天性和需求为诱发求知欲提供了可能，即提供了"有"，所以诱发孩子的求知欲的主要内容是从孩子的天性出发，着重指出"无"的存在，从而让孩子感到"该有"并看清"没有"。把知识的学习放在知识体系中去理解，让孩子不但知道该知识点，而且知道与该知识点相关的知识，做到"知其然，亦知所以然"，这样才能使新知识被原有知识兼容，并在兼容过程中培养更高地解决问题的能力，形成更大的求知欲望。

方案 诱发孩子的求知欲这样做

1. 和孩子一起寻找问题的答案

每个孩子的内心都装满了"十万个为什么"这是他们学习力的开始，如何答复孩子的这十万个为什么将直接影响到孩子日后的学习态度和思考能力。比如下雨，孩子会问，"妈妈，雨从哪里来啊？""为什么叫雨啊？"这种时候家长千万不要因为怕麻烦，轻率地用"不知道""忘记了"等托词应付了事，也不要立即告诉孩子是怎么一回事，家长可以说："你觉得雨是从哪里来的呢？"让孩子对雨的疑惑保持一段时间，以此来诱发其求知欲。对于自己也不知道答案的问题，家长更不可不懂装懂，胡乱编造或说假话欺骗孩子，最好的办法是和孩子一起寻找答案。

瑞典一所学校，教室里没有桌子，也没有板凳，孩子们自由地在教室里走动。二年级正在上自然课，老师在黑板上贴了一些雨的照片，问学生："谁来告诉大家雨是怎么一回事？"孩子们主动说出了自己的理解。

老师根据学生的观点把他们分成两派，一派说雨是从海里被风搬过来的，另一派说雨是云彩闹情绪，不高兴流的眼泪。老师指了两个方位，支持谁就站在谁的身边，同学们立即跑了起来，分成两个阵营，他们彼此争论，交换意见。

有个孩子拿了一本关于雨是海水蒸发而来的儿童图画，把它作为证据，但另一派并不买账。不过有一个孩子没参加，老师问他自己的看法。孩子说雨是上帝恩泽大地，让人有水喝。老师赶紧把"上帝"写在黑板上，对同学们说："这是一个很有趣的观点，不过今天我们不讨论这个，留待你们大一些的时候自己去弄明白。"

下课前老师在黑板上把两派的意见归纳起来，大意说两边都对了一半，水是从海面上升到空中变成云，但云并不会下雨，还需要出现坏脾气，云里的水互相争吵碰撞融合，才能变成雨。

由例子可以看出，教育要懂得克制。当孩子问问题时，家长不要马上把正确答案告诉他，而是让他自己去发现，与小伙伴讨论，在此过程中，家长做好引导工作即可。如果家长不懂得克制，像讲教科书一样恨不得让孩子立刻弄懂"下雨"的问题，如气流的知识、云中静电、小冰粒到大冰晶掉下来遇热化为水滴等，会湮灭孩子对雨的好奇。因为兴趣的培养不可过度，需要家长陪着孩子一起慢慢探索。

2. 正确对待孩子的好奇心

好奇是孩子的天性。受认知水平和能力的限制，孩子对周围的世界充满了好奇。他们总想知道这是什么，那是什么。

好奇心往往能够促使孩子对某种事物、某项活动产生求知的欲望，产生兴趣，从而在这种欲望、兴趣的驱动下，去探究、去思考、去学习、去发现，使他们最终可能成功、成才。对于学习尤其如此，知识的海洋对于孩子来说，永远充满了奥秘，充满了神奇。这也正是促使他们产生好奇心的不竭的源泉和动力。

爱迪生小时候就是个充满了好奇心的孩子。有一次，到了吃饭的时候，仍不见小爱迪生回来。他的父母亲都很焦急，四下寻找，直到傍晚才在农场的草棚里发现了他。父亲见他一动不动地趴在放了好些鸡蛋的草堆里，就非常奇怪地问他："你这是干什么？"小爱迪生却不慌不忙地回答："我在孵小鸡呀！"原来，爱迪生是看到母鸡能孵小鸡，觉得很奇怪，他就想自己去试一试。爱迪生好奇，爱问爱尝试，父亲母亲不仅没有觉得烦，还尽最大的努力帮助他，才使他喜欢上科学，成了世界著名的"发明大王"。

由此看来，好奇心对于孩子求知欲的培养具有十分重要的作用。家长正确对待孩子的好奇心，鼓励孩子的好奇心，对于他们的成长及良好的习惯、倾向、态度、爱好的形成发展，都起着至关重要的作用。不过，孩子的好奇心往往只是一时的冲动，持续不了多长时间，要真正使孩子坚持下去，家长必须要像爱迪生的父母那样，及时加以帮助和引导，使孩子把对事物一时的探究欲望化为长久的兴趣和动机。

3. 给孩子一个利于求知的环境

给孩子提供一个充满奥秘和丰富知识的环境，为孩子布置小实验角、数学角、天文地理角等，并给他提供丰富的用品，如望远镜、放大镜、地球仪等，这种环境会激发孩子的求知欲。

除了给孩子准备大量的物质材料外，家长还应该给孩子创造良好的精神环境。家庭成员之间应该互敬互爱、民主平等，家长本身应有很强的求知欲，热爱知识，经常用知识充实自己，孩子在这样的环境中才会得到极大的精神满足。

另外，家长也要多带领孩子去亲身体会大环境，给孩子适宜的环境刺激。让孩子亲自去看、去听、去闻、去尝，甚至去摸、去掰、去拆等。这实际上就是孩子探索他生活中的世界的过程。在节假日，家长还可以带孩子去看电影、戏剧，参观儿童活动中心、动物园、博物馆等，从而增长其见识，认识到周围世界的博大。家长应正确引导孩子去观察、去思考、去探索，以激发他的好奇心和求知欲，逐渐培养起他的学习兴趣。

4. 耐心培养孩子的兴趣

古人说得好："知之者不如好之者，好之者不如乐之者。"的确，由"好"和"乐"所产生的探求知识的迫切愿望，是孩子克服一切困难的内在动力。孩子如果对学习有兴趣，就会表现出强烈的好奇心和旺盛的求知欲，产生积极主动、富有成效的学习活动；反之，孩子如果对学习失去兴趣，就不可能产生积极主动、富有成效的学习活动，也就难以取得良好的学习效果，通常这也是导致孩子学业不良的重要原因之一。

其实，兴趣爱好广泛、好奇心强烈、求知欲旺盛，本来就是孩子的显著特点。换言之，作为一个正常的孩子，通常都具有广泛的兴趣爱好、强烈的好奇心和旺盛的求知欲，只是在个体的社会化过程中，这些纯真而宝贵的心理特点越来越难以见到了。所以家长在教育中要注意培养和激发孩子广泛的兴趣爱好，保护、激发孩子强烈的好奇心和旺盛的求知欲。

5. 培养孩子的动手能力

最好给孩子提供生活中触手可及的东西，让他发挥出人意料的想象力，创造一个新奇的手工艺世界。陪孩子共同动脑、动手的过程中，更可以随时激发他的好奇心、求知欲，给孩子自我创新、探究、观察以及感觉、分类、解释、沟通的机会。

家长可以根据孩子模仿性强、爱动的特点，让他充分利用手边的工具、充分运用各种感官，自己观察，自己动手操作，让孩子体验到一种自我成就感和乐趣。如：通过小实验和日常观察等活动，让孩子自己去获取知识；让孩子自由制作简单的玩具、设计游戏等。孩子对自己动脑想出来的东西和自己动手做出来的东西有一种偏爱和特殊的兴趣，因而类似活动有利于激发起他强烈的求知欲，从而逐渐培养起学习兴趣。

6. 与孩子建立和谐的关系

家长应当和孩子交朋友，与孩子建立和谐、融洽的亲子关系和朋友关系，使孩子敢于在家长面前敞开心扉，无拘无束、毫不保留地把内心世界展示出来，然后家长才能真正地透过孩子的表情、眼神、姿态、动作来窥探孩子内心的秘密，知道他想些什么、做些什么，以及为什么这样想、这样做。再根据他的喜好诱发其求知欲。

让孩子自主制订目标，他会更具能动性

> 没有目的地的行走，既不能使行路人感到愉快，也不能激发行路人的动力，这样的行走没有意义，学习也是如此。没有目标的学习就像在黑夜中摸索，没有终点和目的地，孩子就不会积极、主动地去寻找最适合的学习途径。

兴趣是孩子最好的老师，而目标则是学习最强大的动力，也能在此条件下激发孩子的专注力。有了学习目标，才能培养孩子学习的自觉性和明确性，全身心地投入到学习中去，极大地激发孩子的学习兴趣。

小豪今年10岁，刚上四年级，头脑很聪明，却对学习没兴趣。他每天放学回家后放下书包就开始在客厅、厨房里溜达。一天，妈妈很奇怪地问他："你在这里溜达什么啊？你还有作业没写完吧？"他才点点头，老实地回到书房里写作业。准备好晚餐后，妈妈走到书房里看小豪写作业的情况。

只见小豪搭着二郎腿，嘴里叼着笔，眼睛呆呆地盯着窗户。桌上的作业本和课本乱七八糟地摊开着，一个字都还没写。见妈妈进来了，小豪立即端坐好，紧张地对妈妈说："我现在开始写作业。"妈妈拦住了他，问道："为什么这么不喜欢学习呢？"小豪低头不语，过了一会儿，他才抬起头来对妈妈说："反正都是老师布置的那些东西嘛，我都做烂了，好烦啊！"

妈妈轻轻地抚摸着他的头，说道："你没有自己的学习目标吗？老师布置的任务只是基本知识的内容，你没有想过获得更多的知识吗？"小豪摇了摇头。

现在的孩子，很多都不爱学习，没有自觉、主动学习的意愿，家长催促才会想到去学习。在学习过程中，不是主动地发挥自己的积极性认真地去思考，力求对每一个知识点都读懂领悟透，而是"做一天和尚撞一天钟"。这正是孩子缺乏明确学习目标的表现。对这种情况，家长多是大声斥责孩子，甚至打骂孩子，但实际上一点作用都没有，只会让孩子更加厌烦学习。只有让孩子明确学习的目的，在学习中享受到乐趣，才能使孩子在学习中集中注意力，真心热爱学习，自觉作业。

学习目标是学习活动的动力源泉，尤其是对年龄小、自制力差的孩子而言更是如此。这些孩子在学习中有很大的盲目性，易受外界干扰，只有当他们有了明确的学习目标后，才会主动地、持久地学习，学习成绩才会提高。调查显示，对学习有浓厚兴趣、自觉性强的孩子，大都能专心听讲、注意力集中、肯动脑筋、爱提问题、能按时完成作业。而那些缺乏学习目标的孩子，学习上往往很被动，学习不专心、无法集中注意力、学习时常常敷衍了事、遇到困难易产生消极畏难情绪，把学习看成一种负担。

6. 利用孩子的"热点"引导其明确学习目标

部分孩子会有一些"不务正业"的兴趣、爱好，比如女生喜欢收藏漂亮的首饰，男生迷上了手枪、汽车等，这些特别的"爱好"便称为孩子的"热点"。很多家长都认为孩子的这些"热点"会影响学习，所以经常把孩子感兴趣的这些东西锁起来、藏起来，或者干脆毁掉，并且很生气地教训孩子："还不赶快去好好学习！"家长这样做不但不能使孩子好好学习，反而会使孩子怨恨家长。其实，对待孩子的"热点"，家长要实行"热处理"——培养和孩子一样的兴趣，努力理解孩子的行为。

维维今年上六年级，他不爱学习，但特别喜欢汽车，不仅每种汽车的标志都能清楚地记得，而且能够很流利地说出这些汽车的出产国。

维维的爸爸对孩子的这种"热点"深恶痛绝，又不知如何对待。于是，爸爸阅读了大量关于汽车的书籍，参观了好几次车展，在做好了准备之后，开始与维维聊天。不聊学习，专门聊车，什么世界上最贵的汽车、世界上款式最好的汽车……从世界顶级的造车技术，到中国汽车行业的发展……聊得不亦乐乎。

在这种聊天氛围中，亲子之间的感情在一点点升温，维维对爸爸既感激又崇拜。这时，爸爸趁热打铁道："你对汽车如此在行，说不定你将来能成为汽车研发人员呢！"

维维听了很高兴，说："爸，你知道我为什么对汽车这样感兴趣吗？我就是想成为一名汽车研发人员。"

"真没想到你已经有这样伟大的抱负，但汽车制造行业需要的是高端科技人才，一般人是进不了这个行业的。"

"那怎样才能进入这个行业呢？"

"只有进入高等学府去深造，掌握大量的科学知识，在前人技术的基础上有所创造，才能完成你的梦想。"

说到这里，维维真正明白了：他应该好好学习。后来，维维真的考入了一所重点大学的汽车制造系，用自己的行动一点点实现自己心中的理想。

对孩子的"热点"进行"热处理"，其实就是帮孩子确定学习目标的过程。对于意识思维都发展得比较成熟的孩子来说，家长利用这种方式进行学习目标教育，不仅容易使孩子接受，而且可以帮助孩子避免逆反心理。所以，当孩子出现痴迷的"热点"时，家长不要认为孩子是不务正业，而是要欣赏孩子的"热点"，并利用这种"热点"引导孩子明确学习目标。

如果孩子痴迷漫画，家长可以告诉他："为了将来能成为一名伟大的漫画家，现在就要为画漫画打好知识基础了！"如果孩子对化妆很感兴趣，家长可以告诉她："为了成为著名的形象设计师，那就从现在开始来增加自己的内涵吧！"如果孩子对军事武器很感兴趣，家长可以告诉他："为了能够成为军事家，那就向着军校的目标迈进吧！"

方案 让孩子明确学习的目标这样做

1. 让孩子知道明确学习目标的重要性

孩子没有明确的学习目标，学习就会变得漫无目的，不知道自己下一步要达到什么样的高度，也不知道该如何进行每一天的学习，更不会对学习产生兴趣。

琳琳今年上小学三年级。她学习非常勤奋，每天放学回家后，不仅会做完老师布置的作业，还会做一些自己购买的练习册。可是就是这样努力，琳琳的学习成绩还是不理想。

妈妈观察了琳琳的学习情况后，看出了问题所在，她对琳琳说："孩子，你得设立一个学习目标，这样才能不浪费时间，学得更好。"琳琳不屑一顾地说："设立学习目标？多耽误时间啊，而且有什么用呢？我每天都好好学习不就行了吗！"

妈妈认真地对她说："你错了孩子，目标的用处可大了。拥有了学习目标，你就知道如何去规划自己的学习生活，以便自己能够快速达到目的。通过完成一个又一个的学习目标，你的学习能力自然会得到提高，慢慢地就把一个学期的学习任务完成了。"

许多孩子学习时没有明确的目标，只知道一味地上课听讲，完成老师布置的作业，这样毫无目标的学习是没有意义的。家长需要让孩子知道学习目标的重要性，指导孩子正确地制订适合自己实际情况的学习目标。

2. 用健康的心态为孩子设置学习目标

孩子未上学时，家长放纵孩子，没有培养其良好的学习兴趣；孩子上学后，家长一反常态，整天督促加压，要求孩子每次都考"第一名"，这样的做法本身就是矛盾。俗话说"一口吃不出个胖子"，所以让孩子爱上学习和作业也不是一朝一夕的事情。家长要明白，人和人之间是存在着差异的，每个孩子都是不同的，他们有不同的性格、不同的喜好、不同的学习基础和不同的学习方法，所以家长要对不同孩子有不同的要求。这样，就不至于对孩子的学习寄予过高的期望、提出不切合实际的学习目标。而且家长还要明白，成绩只是体现学习成果的一种方式，不能以学习成绩作为评定孩子的唯一标准。

如果孩子已经对学习产生了厌倦情绪，就更不能急于求成。家长应对孩子多鼓励，少批评；多肯定，少否定；多宽容，少苛求；多看亮点，少找不足。适当降低孩子的学习目标，帮助孩子体验到学习的快乐，制订孩子稍稍努力就能完成的目标，然后再循序渐进。比如，孩子很少按时完成过作业，家长可以跟老师沟通，是否能适当地为孩子减少一些作业量，这样让孩子从容易完成的量开始，然后再慢慢地提高目标。

3. 根据孩子的意愿制订学习目标

在帮助孩子制订学习目标时，家长要以孩子的意愿为先，充分尊重孩子的意愿，并根据孩子的意愿和实际情况来制订目标，不要强迫制订一些孩子不愿意执行的目标。

望子成龙、望女成凤几乎是天底下所有父母的心愿，每个家长都期待自己的孩子比别人的孩子好，所以，很多家长每天都帮孩子排满课后辅导课程以及才艺学习，却没有问过孩子是否有学习的意愿。只有主动、有意愿的学习才能让孩子发展专注力，对学习产生兴趣，被强迫实现的目标非但对孩子没有任何帮助，反而可能因不愉快的经验影响到孩子日后的学习。

家长正确的做法是启发，或与孩子一起，根据实际情况确立一个切实可行的学习目标。切忌不顾孩子的实际情况，不问孩子的想法，主观地给孩子制订学习目标。

4. 多给孩子自己探索学习目标的机会

家长要给孩子多多提供机会，允许孩子自己去探索，并在探索中发现兴趣，享受乐趣，找到目标。

（1）多给孩子探索的机会。传统的填鸭式学习，让大部分孩子习惯于接受，而无法从学习中发觉自己的兴趣所在。没有兴趣，学习自然就没有动力，更谈不上注意力集中。所以，家长应该允许孩子依照他自己的方式及步调去学习与探索。

家长可以为孩子提供接触各种不同类型活动的机会，如音乐和艺术的欣赏、动植物的照顾、天文地理的探索、身体律动的练习等，不要预设孩子要从中学到多少东西，而是在观察中发现孩子潜在的能力，以便于日后在此方面进行深入开发。

（2）多给孩子做决定的机会。孩子拥有的知识不够丰富，逻辑思考能力不够成熟，因此常常无法做出正确判断，这是非常正常的，家长不用在这一问题上过分纠结。随着身心的成长及知识的增加，孩子将拥有做出正确决定的能力。在这个过程中，经验的累积很重要，也就是孩子必须要有机会练习如何做决定。

家长一方面要多给孩子做决定的机会，另一方面，不要在孩子思考或做出判断的过程中打扰孩子，这对于他思路的连贯性和精神的高度集中是非常不利的。

（3）多让孩子动脑筋思考。问题可以引发孩子对于周围环境的好奇心，让他动脑思考，但提问的方式很重要。"是"或"不是"类型的问句无法真正帮助孩子进行思考，最好的提问方式应该是采用开放式的问句，如"你觉得怎样？""你有没有什么办法？"等，以达到帮助孩子思考的目的，而思考的过程也是锻炼孩子专注力最好的时机。

5. 帮孩子把大目标分解成小目标

学习目标如果过于遥远和庞大，往往难以激励孩子即刻采取行动去实现。因此，家长应该告诉孩子把大目标分解成一个个小目标，最好具体到每一天需要完成的目标。比如孩子想要学好数学，这是一个长期的目标，那么具体到每一天的目标是什么？就是学习完一节新知识要进行总结，并且做适当的习题来巩固知识，把知识完全搞明白，并与之前学的融会贯通起来。

没有小目标的实现，大目标就失去了支撑。家长在帮助孩子确立远大的理想后应该指导他从小目标开始做起，让孩子感受到实现小目标是通往远大理想的必由之路，每实现一个小目标就是在通往成功的阶梯上又上了一级。

营造最佳环境，陪孩子一起学习

> 父母是孩子的第一任老师，父母的言行对孩子的行为有无穷的榜样力量。如果父母好学，就会潜移默化地影响孩子，让孩子也变得爱学习。

环境对人有着很大的影响，良好的学习环境对于孩子的学习和专注力的培养有非常积极的影响，能激励孩子努力学习。

"爸爸，妈妈，快来呀！到读书时间了！"晶晶一本正经地指着挂钟，催促着正在津津有味地看电视连续剧的爸爸妈妈。

这是晶晶家实行"半小时晚读"一个星期后的情景。

"得！说话要算数，这可关系到女儿良好学习习惯的培养，不能因小失大，还是'痛别'精彩的连续剧，去读书吧！"爸爸妈妈心里想。

说起这"半小时晚读"还得回到一星期前，一向临睡前爱看书的妈妈照例看起了书。晶晶提出也要看书，于是，妈妈随手拿了一本儿童故事书给她。没想到晶晶居然拿着故事书看得有滋有味，还自言自语地说着妈妈给她讲过的故事。妈妈也没在意，心想："这小家伙就爱凑新鲜。"

第二天，晶晶的姑姑、姑父来家里做客，到了晚上8点钟，晶晶要睡觉了，还乐颠颠地拿着故事书进了小房间，说睡觉前要看书。过了一会儿，爸爸妈妈和姑姑姑父偷偷观察晶晶，发现晶晶真的又在一本正经地看书了。姑父见此直夸爸爸妈妈重视晶晶学习习惯的培养，说自己回家也要让儿子像晶晶一样，养成好的学习习惯。爸爸妈妈听了，你看我，我看你，真有点儿受宠若惊了。姑姑姑夫走后，妈妈郑重其事地对爸爸说："以后一到晚上8点钟，我们就关掉电视机，你看你的报纸，我看我的专业书，让孩子也看书，我们要为孩子营造一个良好的家庭学习氛围。"于是，便有了开头的一幕。

"经过不断的实践总结，我把女儿的半小时学习时间安排成第一天由我讲给孩子听，第二天让孩子自己再看一遍，不懂再问我。这样坚持了一学期下来，收获还真不小，我摘录了20多张读书卡片，女儿读完了近10本书，认识了许许多多的事物，同时也提高了语言表达能力、观察能力和思维能力。"晶晶妈妈无不自豪地说。

方案 给孩子营造良好学习环境这样做

1. 给孩子准备一个专门的学习场所

在有条件的情况下，为孩子准备一个专门的房间让孩子安心学习。房间要整洁、明亮，不需要繁复的装饰，布置简洁舒适即可。电脑和电视不要放在孩子的房间里，玩具收起来放到柜子或箱子里，以免孩子在学习的时候分散注意力。没有条件的情况下，也最好为孩子准备一个学习角，安置书桌和椅子，让孩子有一个安心学习的地方。

2. 营造一个安静的不受干扰的学习环境

家长要为孩子营造一个安静的不受干扰的学习环境，让孩子能全神贯注地学习。在孩子学习的时候，家长要监督孩子远离电脑、电视机、手机和玩具等会分散孩子注意力的东西，不要让孩子一边学习一边做其他事。另外，孩子学习的时候，家长也要克制一些，不要在家里看电视、打麻将、大声谈笑，尽量为孩子排除一切干扰因素，以免孩子难以静下心学习。

3. 家长以身作则、勤学上进

父母是孩子的一面镜子，有爱学习的父母，才有爱学习的孩子。家长勤奋好学，在工作之余也不忘读书学习，刻苦钻研，不断地充实自己，不仅能为孩子树立一个热爱学习的好榜样，也在无形中给孩子传达一个暗示：学习是一件很重要的事情。在这样潜移默化地影响下，孩子会在不知不觉中提高对学习的兴趣，自觉地加入父母的行列，一起努力学习。因此，家长要以身作则，率先学习，成为孩子学习的榜样，营造勤学上进的学习氛围。

4. 营造一个温馨和睦、和谐的家庭环境

温馨和睦、和谐的家庭有利于孩子的健康成长，能给孩子足够的安全感，让孩子心无旁骛地投入到学习中去，因此，家长要努力为孩子构建一个温暖、和谐的家庭环境。夫妻之间要相互尊重，相互理解，即便发生矛盾也不要当着孩子的面争吵，以免让孩子感到焦虑和不安；家长要多和孩子沟通，尊重孩子，让孩子亲近和信赖，成为孩子最好的朋友，这样孩子遇到学习上的难题，才愿意向家长倾诉，和家长一起寻求解决的办法。

5. 理性地对待孩子的学习和考试

家长要理性地看待孩子的学习和考试问题，不要把考试成绩当作衡量孩子成败优劣的标准。孩子学习进步了，家长要肯定和表扬，同时提醒孩子不要骄傲自满，鼓励孩子继续努力，取得更好的成绩；孩子学习退步了，家长也不要一味指责，而是要帮孩子分析成绩退步的原因，找出学习上的问题，想出解决问题的办法。

不吝啬赞扬，帮助孩子找回自信

清代教育家颜元曾说："数子十过，不如奖子一长。"这个原则对于任何孩子都适用，尤其对存在一些问题的孩子来说，家长更要少批评，多表扬。这样，才能在孩子身上产生"奇效"。

其实，缺点、毛病再多的孩子，身上也有积极因素，有所长，只不过是不太显著、突出而已，如果家长不抱成见的话，肯定会发现孩子身上的优点。问题是，很多家长对于身上有些缺点的孩子总是抱有成见，即使孩子有积极的因素也视而不见，对孩子批评来批评去。于是，孩子的进取心和精神支柱便在家长无休止的批评中消失殆尽。

小豪很贪玩，上课时不能集中注意力好好听讲，放学后就像出笼的小鸟一样尽兴地玩耍，直到玩得满头大汗、筋疲力尽才去做作业。作业效率也很低，通常20分钟就能完成的他得磨蹭个把小时。爸爸为此很生气，几乎天天批评、数落他，可小豪总也改正不了贪玩的毛病。

有一次，小豪的外婆来家里做客，外婆是个老教师，对教育孩子很有一套。看见小豪和小朋友玩得很好，趁他口渴喝水的时候，边替他擦汗边对他说："你跟小伙伴们玩得这么好，既知道团结小伙伴，还知道让着别人，真是个好孩子。只是你能不能试着先和小伙伴们一块做完作业再玩呢？那样也许会玩得更开心。"小豪受了表扬很高兴，觉得外婆说得很对，于是懂事地点点头。此后，小豪每次都是先和小伙伴们一起做完作业才去玩，慢慢就养成了放学先做作业再去玩的好习惯。

为什么爸爸的批评教育没有用，外婆的一句话就这样有效呢？是因为外婆发现并抓住了小豪能团结人、知道谦让这一积极因素，给予充分肯定，使他受到了激励，然后加以引导，小豪才能接受外婆的建议。

确实，在某些行为习惯不太好的孩子身上，积极因素表现得不太明显，甚至是潜在的，很难发现。家长必须努力克制自己无益的感情冲动，不用批评，而改用期望、信任和赞扬等正面激励的方法来帮孩子改掉问题。

方案　及时赞扬孩子这样做

1. 对孩子期望不要过高

很多家长"望子成龙""望女成凤"的心情特别迫切，对孩子的期望过高甚至已经成了一种病态。根据一项对某市初一到高三3000名学生家长进行的调查中发现，其中有近87%的家长期望自己的孩子升大学。在另一项调查中，有57.8%的家长要求孩子"样样争第一"。

诚然，家长对孩子提出各种期望的出发点都是爱。但对孩子期望过高会打击孩子的积极性、自信心。现在孩子受挫折的能力普遍较差，害怕失败，其原因与家长对孩子的过高期望密切相关。家长一方面望子成龙，盲目地让孩子追求不切实际的目标；另一方面又对孩子过度保护，尽力满足孩子的要求，使孩子缺乏承受失败的能力。

所以，家长不要对孩子抱过高的期望，所设立的条件和目标应考虑孩子的具体条件及其本身的愿望，而不是热衷于自身的愿望与利益。

2. 不吝啬对孩子的赞扬

心理学上有一个著名的"罗森塔尔效应"，能很好地说明赞扬对孩子的重要作用。

"罗森塔尔效应"也称"期待效应",源于一个"权威性谎言"。1968年,罗森塔尔与助手来到了一所乡村小学,从一到六年级中各选择3个班级,声称要对这18个班级的学生们进行一项"未来发展趋势测验"。罗森塔尔为这些学生做了一些有关语言能力与推理能力的测验以后,就用赞赏的口吻把一份"最有发展前途者"的名单交给了校长与有关老师,并且叮嘱他们一定要保密,避免影响实验的正确性。

罗森塔尔在8个月之后又来到了这所小学,对那些参与过测验的学生进行了复试,结果奇迹出现了:名单上的学生成绩都有比较大的进步,而且性格活泼开朗,自信心比较强,更加乐于和他人交往,各个方面都表现得非常优秀。此时,罗森塔尔才说出了真话:名单上的这些学生并不是通过测验挑选出来的,而是随机挑选的,这只不过是罗森塔尔撒的一个"权威性的谎言"而已。

谎言怎么会变成真的了呢?这就是期待的力量,赞扬对孩子起到的作用。激励是培养孩子求知欲的营养剂。父母对孩子充满信心,嘴边经常挂着一些由衷的赞美之词,会让丧失信心的孩子恢复自信,自信的孩子更加积极上进。所以,家长千万不要吝啬对孩子的赞扬,孩子哪怕只有一丁点的进步也要及时赞扬,让他爱上学习,爱上作业。

转变观念，训练孩子的多样化思维

> 要想提升孩子的注意力，让孩子在学习时能够高度集中精神，就要在生活与学习中培养孩子的发散思维，让孩子养成勤于思考的习惯，凡事让孩子思考之后再行动。

许多孩子现在的学习方式，无论在学校还是在家里，都是不经过自己思考的学习，这有教育本身的问题，也有孩子自己的问题。在孩子接受的学习和教育中，有些知识根本不需要思考或者根本不容孩子去思考，家长和老师们往往只关注孩子记住了多少内容、考了多少分，而不去注意孩子在学习中是否融入了自己的思考。久而久之，孩子也就懒得去思考了。

丫丫今年上小学二年级，朋友、老师都夸她是个聪明的孩子。但是丫丫妈妈苦恼的是，孩子的学习成绩并不好，甚至有好几次还考了全班的倒数几名。

原来，在丫丫做作业的时候，妈妈习惯在旁边辅导。时间长了，丫丫对妈妈依赖性很大，在做家庭作业时老是要妈妈帮忙，只要有一点不会就要妈妈说答案，尤其是做数学题时，想也不想就要妈妈把应用题算式列出来，妈妈每次都说让她自己先动脑想想，但是丫丫却缠着不放，非要在妈妈的帮助下才能完成，为此妈妈很苦恼，不知道怎么纠正女儿不爱动脑的坏毛病。

对于孩子来说，勤于思考是长期逐渐养成的、一时不容易改变的行为倾向，是一种定型性的行为，是经过反复练习而形成的思维、行为以及生活方式。一旦孩子乐于思考，就会在生活和学习中积极主动、高度集中注意力，这种勤于思考的行为一旦变成了习惯，就会成为孩子的一种能力，能决定他将来一生的成败。因此，培养孩子的发散思维，养成孩子勤于思考的习惯，是提升孩子注意力、让孩子全心全意学习和做事不可或缺的因素。

家长要从培养逻辑思维能力方面入手。比如做数学题，要先让他想明白做这个题的思路步骤，就像上学校要经过什么路、什么街、什么单位一样。这个状态在动笔前就要有，而且要清晰。在做题的时候再沿着这个思路一步一步地做，题做完了，也能记住是怎么做的。不要像例子中丫丫的妈妈一样，让孩子把辅导变成了依赖，不再动脑筋。

培养孩子勤于思考的好习惯要趁早

一个人在儿童时期的好奇心远远胜过成年时期，而好奇往往又促进了思维的活动。所以培养孩子勤于思考的好习惯要趁早。

孩子总有许多千奇百怪的想法，问不完的问题，而且喜欢打破砂锅问到底。有些家长一开始还能耐心地引导孩子，但一来二去被问烦了，就会直接把答案丢给孩子了事；还有些家长为了省事，甚至连引导孩子思考都省了，直接就把答案告诉孩子。这样的确能马上"打发"掉孩子，但从长远来说，对发展孩子的智力没有好处。因为家长经常这样做，孩子必然依赖家长的答案，而不会自己去寻找答案，无法养成独立思考的习惯。因此，当孩子提出问题时，家长应该启发孩子，提醒他们运用学过的知识、看过的书、听到的故事去寻找答案。这样，当孩子自己得出答案时，他们会充满成就感，会更加愿意自己动脑。

方案　培养孩子的发散思维这样做

1. 发展孩子的语言能力

思维能力的发展和语言的发展是分不开的。孩子的思维能力发展是在语言发展过程中逐步发展起来的。因此，家长要积极引导孩子掌握词汇、概念，训练孩子语言表达的规范性，给孩子提供充分的口头语言和书面语言表达与练习的机会，从而训练孩子思维的准确性和逻辑性。比如，要求孩子回答问题、复述课文、坚持写日记、加强作文训练等来提高孩子的语言表达能力。此外，家长要引导孩子阅读课外读物，参加演讲会、辩论会、故事会，举办班报、黑板报、壁报等活动，以此进一步丰富孩子的词汇，促进孩子正确地理解词意，学会准确地表达思想感情，从而促进孩子思维的发展。

2. 丰富孩子的感性经验

思维是在感知基础上进行的高级认识活动。思维的全部材料来自于感性经验。因此，要发展孩子的思维，首先要丰富孩子的感性经验。家长要善于引导孩子进行积极的思维活动，进行抽象的思维，使感性认识上升到理性认识，从而促进孩子思维的发展。

3. 让孩子多看书

家长应让孩子多看书，广泛涉猎，不要只局限于与课本有关的书籍。对于孩子读书时提出的问题，要认真解释，如果自己解释不了，就要引导孩子去查找其他的相关书籍或资料，自己去寻找答案。同时要对孩子爱提问题的行为给予鼓励。

4. 经常对孩子问"为什么"

父母要想提高孩子的思维能力，就要多向孩子发问。问题是思维的起点，如果孩子经常面对各种问题，大脑的思维就会比较活跃。向孩子发问，不要只问对或错的封闭式问题，最好依据孩子的能力，问一些没有唯一答案的开放性问题。尤其是对于不爱提问题的孩子，家长更应该主动"创造"一些问题去考他。无论是带孩子上博物馆，还是陪他们看书看电影，父母都可以据此提出相关问题，并鼓励孩子积极思考和回答。

5. 培养孩子的探索精神

孩子都有较强的好奇心，喜欢"打破砂锅问到底"，每当见到一个新事物，总想更深入地去了解，往往会不自觉地摸一摸、问一问、拆一拆、装一装。许多父母对孩子的这些行为很是烦恼，经常批评孩子甚至恐吓孩子，其实，这些都是孩子喜欢探究和求知欲旺盛的表现，父母的呵斥只会挫伤孩子思维的积极性。如果遇到这样的情况，父母应该因势利导，鼓励孩子的探索精神，并启发孩子"异想天开"。在孩子"想"的过程中，注意力已经得到了相应的训练。

6. 跟孩子一起收集动脑筋的故事

动脑筋的故事很多，家长可以有空就跟孩子提提，如某种情况下，某故事主人翁是怎么处理问题的，为什么这样处理。也可以跟孩子互相讨论感兴趣的故事问题。孩子在参与这些问题的时候，注意力往往是高度集中的，经常跟孩子玩动脑筋的游戏，也会不断提升孩子的注意力。

7. 营造平等的家庭氛围，让孩子畅所欲言

在一起谈论家事时，孩子再小，也会有自己的思维与看法，家长应该让孩子发表自己的观点。即使孩子的观点是错误的，父母也应让他说完，然后再给予恰当的指引。对于孩子的正确意见，父母应该肯定、表扬，让孩子增强发表意见的信心。在平等的家庭氛围中成长的孩子，敢于发表自己的意见，思维比较活跃，分析问题也比较透彻；而在专制的家庭气氛中成长的孩子，则不敢畅所欲言，容易受家长的暗示而改变主意，或者动摇于各种见解之间，或者盲从附和随大流，这就影响了其思维独立性的发展。

8. 培养孩子良好的思维品质

思维品质体现了个体思维的水平和智能的差异。孩子的思维品质主要包括思维的敏捷性、灵活性、深刻性、独立性、批判性等。

（1）培养孩子思维的敏捷性。思维的敏捷性是指思维过程的速度。要培养孩子思维的敏捷性，一方面要培养他们迅速地分析问题和解决问题的能力，另一方面要注意教给他们一些要领和方法。对于年龄偏小的孩子，家长可通过抓他们计算的正确率来进行培养。对年龄稍大的、读高年级的孩子，家长可要求他们在数学运算中既做到正确，又做到迅速。

（2）培养孩子思维的灵活性。思维的灵活性是指思维活动的灵活程度。要培养孩子思维的灵活性，一方面要重视培养他们的发散思维，可利用数学应用题，如引导孩子认识数量关系、重视一题多解的训练等。另一方面要结合现实，根据孩子的实际情况有针对性地进行培养。

（3）培养孩子思维的深刻性。思维的深刻性是指深入到事物的本质，揭露其根源的思维品质。要培养孩子思维的深刻性，一方面要培养他们善于透过现象看本质的能力，重点应放在概括能力上。在此基础上，培养孩子的数学命题（判断）能力和空间想象能力。另一方面要结合课堂教学内容，加强逻辑思维的训练，逐步使孩子的认知结构条理化。

（4）培养孩子思维的独立性。思维的独立性是指在思维活动中能够进行独立思考，独立地发现问题与解决问题的思维品质。要培养孩子思维的独立性：一是要培养孩子独立思考的自觉性，把独立思考的要求作为学习常规加以训练；二是要提倡孩子解决问题的新颖性，让他们善于挖掘解决问题的各种新方法；三是要鼓励孩子通过自编应用题以及有选择地观察、设计来提高自己思维独特性的水平。

（5）培养孩子思维的批判性。思维的批判性是指在思维活动中善于严格地估计思维材料和精细地检查思维过程的思维品质。要培养孩子思维的批判性，一方面要培养孩子善于对解决问题所依据的条件进行分析，对提出的假设和思维的结果进行分析；另一方面要注意对孩子进行思维策略的培养，以提高他们分析问题和解决问题的能力，努力做到不盲从。

教会孩子专注于课堂，有效训练专注力

课堂45分钟，虽然短暂，却是掌握知识——理解知识——增长知识的重要环节和途径，如果用得好，是一个非常出效率的地方。实际上，孩子的学习差异基本上都是从课堂听讲开始的，因此引导孩子养成上课认真听讲的习惯非常重要。

上课是学习的中心环节，只有在这个中心环节保持专注力，才能使学习获得成功。如果孩子轻视上课听讲，就要在课下浪费很多的时间去追赶老师的脚步，长期累积下来，会被落下一大段距离。而且，在孩子的学习生活中，上课时间大约占学习活动总时间的80%，宝贵的时间大都在课堂上度过，因此更要抓住课堂时间，把每一节课的45分钟都充分利用起来。

最近雯雯妈妈很高兴，只要家里一来客人，妈妈就笑眯眯地对客人说："我家雯雯进步可大了。"因为雯雯已经养成认真听讲的好习惯，每天上课都能做到全神贯注地听老师讲课，不开一点小差。

雯雯以前不是这样的。一年级刚开学时，雯雯觉得听课特别累，没有在幼儿园时有趣，于是上课时就开小差，总被窗外的事情吸引，脚步声、鸟叫声都会引得雯雯东张西望；有时还会用书遮脸，躲在书后和同桌讲话。一天，一堂语文课上，雯雯又被教室外面的小鸟吸引了，正侧头张望寻找时被语文老师叫起来回答问题。由于雯雯没有听讲，不知道老师提了什么问题，只能一动不动地站着。老师生气地说："这一阵子你上课总是

开小差，在想什么？你给我好好说说！"听语文老师这么一说，雯雯羞愧难当，她也知道如果再这样下去，成绩会越来越差。雯雯下定决心要戒除课堂上的坏习惯。

之后，雯雯每节课都认真听讲，积极举手发言，教室外再大的声音也不去寻找，并时刻提醒自己每节课都要用心听讲，做个人人喜爱的好孩子！一个月过去了，雯雯的成绩越来越好，几乎每节课都会被老师夸奖。

认真听讲，是指孩子能在课堂上集中精力，不做与学习无关的动作，认真倾听老师的点拨、指导。很多孩子，尤其是学习成绩中上的孩子，认为课堂上的内容对自己做题帮助不大或是进度太慢，不如上课写点作业或看点教辅书来得实在。实际上，这种做法很不科学。一方面，会错过老师补充的一些书本上没有的重要知识点，导致一知半解，错误理解知识点；另一方面，上课做作业是一心二用，而且通常是只求速度不求质量，这种坏习惯很容易带到考试当中：以为自己做得很快，考得很好，结果却东错西错。

课堂高效听课有方法

课堂学习是孩子学习知识、发展能力的主渠道，而听课是孩子课堂学习的中心环节。所以，家长要教给孩子一些高效听课的方法。

1. 目标听课法

目标听课法就是带着问题去听课。将课前预习时发现的不懂的问题记录下来，上课时带着这些问题听课，这样目标明确、针对性强，效率自然高。预习时弄懂的地方，听一遍等于复习了一遍，加深了印象；预习时不懂的地方重点听、认真听、仔细听，如果老师讲了还是没有弄懂，可以在课堂上及时提问让老师再讲，直到弄懂，达到没有学习盲区。当然，这种听课方法不能孤立地使用，必须建立在预习的基础上，通过预习，对所要学习的知识有所了解。

2. 质疑听课法

质，是根据事实来问明或辨别是非；疑，是疑难或疑惑。解决疑难、明辨是非的过程，就是获得知识的过程，知识的获得、能力的发展，都是在不断的质疑中实现的。所以，家长要告诉孩子：听课时，对思考过但未听懂的问题要及时举手请教，如果不方便打断老师讲课，可以暂时记下来，待下课后再请教；对老师的讲解、同学的回答有不同看法，也可以随时提出疑问。这种方法，可以保证孩子始终集中注意力，认真听讲。

3. 抓概念听课法

学习每一门知识，都会遇到一些概念。概念是客观事物本质规律的反映，掌握基本概念，可以更快速地理解知识点。听课时必然会遇到一些新的概念，首先要让孩子弄清这个概念是怎样提出来的；其次，了解这一概念的表述方法；再次，弄清怎样使用概念进行计算或解决实际问题；最后，弄懂这一概念的应用范围和条件。学习概念时，还要引导孩子从反面多问几个为什么，从不同的角度加深对它的理解。

4. 要领听课法

每门学科、知识都有其要领。要领听课法，是指按照每门知识的内在联系，抓住学科特点来听课。比如学习语文和数学的听课要领是不一样的，语文的要领是作文，数学的要领是计算。有些孩子不抓住学科特点，上语文课不重视作文，上数学课不愿动笔计算，上外语课不愿意大声朗读，做实验不爱动手。这样，与学科特点有关的能力发展不起来，学习效率当然不高。

5. 五到听课法

"五到"是指听课时，耳、眼、口、手、脑都要动起来，多种感觉器官并用，多个身体部位参与听课活动。

耳到：听老师讲，听同学发言、提问，不漏听、不错听；

眼到：看课本，看老师的表情，看板书，看优秀同学的反应；

口到：口说，包括复述、朗读、回答问题；

手到：做笔记，圈重点，写感想，做练习；

脑到：动脑筋，心力集中、积极思考。

五到听课法要求孩子全神贯注，灵活地根据课堂情境和老师要求，适时调整听课方法。这种听课方法，是效率最高的听课方法之一。

6. 符号助记法

无论记忆力多强的人，都不可能把老师所讲的话全部记住，所以听课必须记笔记。但是无论书写速度多么快的人，也不可能把老师所讲的话全部记录下来，这就必须教给孩子借助不同的符号来代表不同的意思，从而帮助记录。比如重点语句可打着重号、波浪线或加三角号，疑难问题可打问号，只要自己懂的、自己习惯用的各种有利于记忆的符号都可运用。

方案 养成孩子认真听讲的好习惯这样做

1. 课前做好准备工作

（1）知识准备。知识准备主要是指预习。在老师讲课以前，家长让孩子先自己独立地去了解即将要学的新知识，做到心中有数，改变被动学习的局面。每天20分钟课前预习，可以使孩子更快进入学习状态，跟上老师的步伐，提高听课效率，并且及时发现自己知识上的薄弱环节，在老师讲解的过程中重点聆听，熟练掌握。

（2）物质准备。家长要让孩子在课前准备好上课要用到的各种学习用具，书、笔记本、学习文具等。否则正式开始上课才去找笔、找墨水、找书本，就等于在课堂45分钟里白白浪费了5分钟、10分钟，老师可能已经讲了一些重点，而孩子却因为找东西没有听到，影响听课效率。

（3）生理准备。在课堂上，孩子需要不断地调动大脑来思考，因此大脑是否处于最佳状态关乎着上课的效率。要使孩子的大脑在课堂上处于最佳状态，就必须保证孩子有充足的睡眠和休息。家长要让孩子做到早睡早起，不熬夜，中午和课间不做剧烈运动，午睡时间不睡太长，维持良好的生理状态，让大脑处于兴奋状态。

（4）心理准备。不同的心理准备导致不同的课堂学习效率。有的孩子一见老师进教室就分外高兴，总盼望上课时能向老师多学点新知识、解决新问题，这种心理状态就必然使课堂的学习效率大大提高；没有这种积极心理状态的孩子，家长要帮助孩子努力调整过来。

2. 课堂主动、专心听

（1）眼睛跟着老师走。有的孩子容易受外界环境影响而分散精力，上课会做一些小动作，比如玩东西、说话、传纸条，和好朋友交头接耳等。这样就会分散注意力，上课效率大大降低。因此要提高孩子的课堂注意力，就必须让他排除干扰，克服注意力的分散和转移，全神贯注地听课。最好的办法是眼睛随时跟着老师走，因为心是跟着眼睛走的，所以上课时眼睛跟着老师走，随时注视老师，才能保证将注意力集中在老师所讲的内容上。

（2）积极思考。"行成于思"，用心多思是听好课的关键。有的孩子在课堂上只听不思，没有小动作也没有说话，一直注视着老师，好像是认真听了，但是左耳朵进右耳朵出，一堂课在脑子里什么印象都没留下，只是在笔记本上工工整整地记下了几条板书。这种被动的听课也是学不好的，必须让孩子开动脑筋，积极思考老师提出的每一个问题，把知识点消化、记住。只有这样才能让孩子把抽象的概念具体化，领会知识的内在联系，找出事物的发展规律，真正掌握知识。

（3）抓住重点。抓住老师讲课的重点，就能起到事半功倍的作用。每节课开始5分钟左右的时间，老师会将上节课的重点内容强调一下。家长要让孩子知道，听过的内容也要再听一遍，只有跟随老师的节奏，才能把上节课的知识点与本节课的知识串联起来。

每节课最后5分钟左右的时间，老师会把该堂课所讲的内容简单复述一遍，并且把本堂课的重点、难点再次强调一下，家长也要让孩子注意听。有的孩子忙着收拾东西准备下课，无心听，错过了这样一个关键的提高学习质量与效率的时刻，即便课下再花多少时间也难以弥补。

在讲课中，肯定会有重点、难点的地方，老师不可能一直耳提面命地说"这句话是本节的重点，拿出红笔勾上"之类的话，通常情况下，老师反复强调或者语气加重的地方，往往就是本节课的重点或难点，只要逢到老师用"一、二、三"的方式列举点数的时候，就可以相信这一定是要点。

（4）跟紧老师思路。不少孩子听课时不是埋头开小差，就是埋头记笔记，不能跟着老师的思路走，其实，这是一种很不好的听课习惯。听课时，思维必须与老师讲解的思路保持一致，听老师怎样分析、推理，听老师解决问题的方法、技巧，听老师怎样对问题进行提问和解释，这样才能把握住听课的重点。千万不可脱离老师讲课的轨道，一旦脱轨，就会造成学习上的"翻轨"，只有紧紧跟随老师的思路，与老师讲课的思路产生共鸣，才能提高听课效率，把知识要点当堂记住，并且把原有的知识加以巩固和升华。

（5）倾听同学发言。在课堂上不仅要听老师讲，也要让孩子学会认真倾听同学的发言。可能很多孩子都有过这样的体会：课堂上老师提问某一个同学，他回答正确了，大家会一起鼓掌，如果老师再请另外的同学把这位同学的话再说一遍，几乎没有一位同学能完整地重复出来。这是因为在他人回答问题的时候，多数同学都自顾自地想着自己的答案，根本不管别人说了什么。这样忽略了倾听同学发言的过程，就等于错过了从别的同学身上汲取"精华"的大好机会。

3. 课后向家长倾诉

一般来说，孩子放学回到家之后，都会向家长诉说自己在学校的一些经历。这种时候家长不要只把孩子的诉说当故事来听，应该刻意地询问孩子今天在课堂上的具体情况，因为正确的询问方式能激发孩子向父母倾诉的欲望，进而让孩子养成上课认真听讲的好习惯。

通常，在向孩子询问的时候，年龄较小的孩子起初可能会就事论事。比如当家长问"今天老师教了什么？""今天你学了什么？"时，孩子往往会说"老师教了第一课的课文"或"老师讲了勾股定理"。当家长问"你会了吗？"或"你懂了吗？"时，孩子的回答肯定是会了、懂了。很多家长就此已经满意，询问也就此停止，其实这样的询问等于没有问，甚至会起到反作用——养成孩子说谎话的习惯。家长不妨继续询问："老师对这篇课文有什么要求吗？"或"这几个字和昨天学的字相像吗？"或"今天的作业和老师讲的题有什么关系？"这时，如果孩子答不上来，就说明孩子还不会"听课"，这时候家长就要耐心引导，让孩子仔细回想老师上课的情形，如果孩子回忆不起来了，就要告诉孩子，明天上课要多注意老师讲课的细节。

家长还可以让孩子每天回家都讲述一下老师上课的情况，比如"老师在数学课上教了些什么？提了什么要求？什么地方老师讲得多，为什么在这里讲得多？"来训练孩子的听课记忆和语言表达能力。当孩子什么也想不起来时，万万不可着急，更不能口不择言，说出："上课你都干什么了，肯定没有注意听讲！"的话。如果这样的话，家长所有的努力都会前功尽弃。这时，家长要耐心和孩子一起回忆："我想，你们老师肯定会这样说……"相信在家长的训练之下，孩子会听懂每一节课。长此以往，孩子慢慢就能养成自觉向家长倾诉学习情况的习惯，也在潜移默化中养成上课认真听讲的好习惯。

第 3 章

提高孩子专注力关键步骤 3：
培养孩子的时间管理能力

珍惜时间之前，首先要明白时间的宝贵

时间是什么？时间是一个抽象的概念，我们可以度量时间，并且还能把"时间"挂在墙上或者戴在手腕上。但是我们仍然不能像定义任何一个实际的事物那样给时间下一个定义。对年幼的孩子来说，他们更加难以理解时间的概念。

孩子做作业时精力不集中，写着写着就停了，不知道在想什么，要不就是到处找东西，东一榔头西一棒槌，磨磨蹭蹭，极大地消耗了专注力。这估计是很多家长面对的烦恼。

可可上小学三年级，写作业慢的问题让爸爸妈妈头疼不已。每天的家庭作业并不多，一般30分钟就可以做完，可她却要耗上近两个小时才能完成。

可可从书包里拿出书本就要花上几分钟时间，翻书、打开作业本心不在焉。做作业也是东张西望，常常做一些与作业无关的事：抠抠手指甲，拿她喜欢的东西玩上一会儿，或是突然发问："爸，这星期天您休息吗？""妈，咱们什么时候买鞋去？"有时候还要到另一个房间转一圈，要么就停下来整理一下书桌。做一道题，要反复寻找书中的相关内容，甚至还得打电话问同学。因为写得不工整，或写错了，就要撕掉几张作业纸……

这样，每天都要耗到很晚才能勉强交差。一撂笔，就随声而出："唉，好不容易做完了！"

因为做作业磨蹭，可可的业余时间全被占用了，没有玩耍和做其他事的时间。所以，可可对学习开始产生了厌烦情绪，总盼着放假。又因为作业不抓紧时间，到考试时，会做的题也做不完，致使学习成绩下降。

一个技能的学习首先是对技能的渴求，相同的，要管理好时间，首先要有时间的意识。很多孩子之所以上课不认真听讲、课后写作业慢，很重要的一个原因就是没有理解时间的概念、特质，没有意识到时间的重要性。

时间的本质特征

1. 时间无法再生

时间算得上是世界上最珍贵、最重要、最独特的资源，它和其他资源不一样，其他的资源可以"制造""积存""交换""流通"，但时间不可以，它只能逐渐消逝，永远没有再生的可能。而且没有了时间资源，其他资源也无法再运用。

2. 时间不可回溯

时光的隧道是单向的——只有前进，没有后退，昨天过完是今天，今天之后是明天，逝去的永远不会再回头，一切都将成为历史。时间不像空间，到过的地方可以"旧地重游"，房子塌了可以重建。一位哲人说："昨天是一张被注销的支票。"今天的你与昨天和明天的你绝对不会相同。如果说空间是事物存在的尺度，那么时间可说是事物变化的尺度。

3. 时间不能买卖

时间大概是这世间最为公平的，它不能买，不能卖，不能租，不能借，无论是富翁还是乞丐都不能改变这个事实。每天清晨只要睁开眼睛，一天24小时就摆在眼前，不会多，不会少，不增不减，不花一毛钱就能到手，花一个亿也买不来更多。

4. 时间无法暂停

对于时间，我们毫无选择的余地，被迫以每天 24 小时固定的速率消耗它，时间一过，一切都将成为往事。我们无法像操纵机器一样操纵它，决定何时"开"，何时"关"。没有人能阻挡它前进，它更不会像火车到站，为了让旅客上下车，可以暂停。它像自由落体般，没有暂停，只有"终止"。

方案 教孩子理解时间的概念这样做

1. 用钟表教孩子认识时间

单单说"时间"两个字，对于年幼的孩子来说，多少有些抽象。美国加州大学圣地亚哥分校的一组研究人员，对孩子的时间理解能力进行了研究，发现 4 岁时，孩子才开始懂得一些时间"要点"，比如，1 小时比 1 分钟长、1 分钟又比 1 秒钟长，但是被问及小时和分钟的区别时，仍会被难住。7 岁之后才开始慢慢理解什么是时间。所以，要教孩子掌握时间观念，就要教孩子从他能理解的、最熟悉的、亲身经历过的事开始。比如利用钟表让孩子认识时间，认识钟表的分秒，认识时间的运行规律。

2. 用具体事件表示时间

时间看不见也摸不着，家长跟孩子说："3 点钟我们去超市。"孩子可能无法清楚地理解，可能会问："3 点钟是什么？"可是如果对他说："睡好午觉后我们去超市。"这样孩子就能估计到大概的时间，积极配合家长的行动。所以，"早上"可用"太阳出来的时候"表示，也可以用其他孩子所熟悉的具体事件来表达。同理，"中午""晚上"都可以用这样的方法来表示。所以，不一定要让孩子知道自己几点钟应该做什么，让他明白"早上起来要喝牛奶""吃过午饭要睡午觉""周末时爸爸妈妈都休息"等表示时间的具体事情就可以。

3. 通过游戏意识时间很重要

（1）撕纸人生。方法：准备一张长条纸，假设一个人的寿命在 0～100 岁之间，用笔在纸上画一条横轴，如下图，将它等分成 10 份，每一等份代表生命中的 10 年，在横轴上分别写上 10、20、30……100，最左边的空余部分写上"生"字，最右边的空余部分写上"死"字。在横轴上找出现在的年龄，将年龄前面的部分彻撕掉。一般人通常是睡觉 8 小时，大概占了生命的 1/3，将这张纸条撕去 1/3，再撕去 1/3 的吃饭、休息、聊天、发呆、看电视、玩游玩等时间。对比一下手中拿着的这一小段时间和撕去了的时间，让孩子说说有什么感受。

生┠─┼─┼─┼─┼─┼─┼─┼─┼─┼─┨死
　 10　20　30　40　50　60　70　80　90　100

提示：可以通过这样具体的指代性事物，让孩子了解时间的特性，理解时间的重要性，体验光阴似箭和时间不可逆转。

（2）现在该做什么。方法：先准备一个大时钟或利用纸板自行制作一个能转动的时钟。然后在不同时间旁边，贴上相关的图片，例如早上 8 点旁贴上牙刷及毛巾（代表刷牙洗脸）、12 点旁贴上食物（代表吃饭）、下午 3 点旁贴上玩具（代表游戏）……以此类推。让孩子依照生活起居，察觉时间的前进。家长平常可以问孩子："中午 12 点我们应该做什么事呢？"

提示：把生活中的固定活动转变为时间的概念，随着年龄增加，就会让孩子更清楚什么时间会发生什么事情。

4. 给孩子设立"家庭时间银行"

"时间银行"的倡导者是美国人埃德加·卡恩。所谓时间银行，是指志愿者将参与公益服务的时间存进时间银行，当自己遭遇困难时就可以从中支取"被服务时间"。简单地说"时间银行"的宗旨是用支付的时间来换取别人的帮助，而银行是时间流通的桥梁。

家长们每天对孩子强调：时间就是金钱，时间就是财富，时间就是生命……但孩子对于时间的概念仍然是模糊的，单单说"时间"两个字，对于年幼的孩子来说，多少有些抽象。所以，要教孩子掌握时间观念，就要教孩子从他能理解的、最熟悉的、亲身经历过的和感兴趣的事开始，认识时间。家长可以给孩子设立一个"家庭时间银行"来培养孩子时间管理的能力。

准备工作：带孩子去银行了解一下 ATM 机，存一次钱，并且在没有钱时去银行取一次钱，让孩子了解了只有"存"，才可以"支"的概念。与孩子沟通，让孩子明白每个人一定要完成的责任，比如爸爸妈妈一定得工作，通过劳力获得金钱，孩子要好好学习，通过努力获得更好的工作。

设定存支标准：孩子如果节约了时间，就记加多少分，如果是支付了或是超过了时间，就减分。当然，在作业写字方面还要加上质量的考核，以防孩子为了存更多的时间，匆匆赶作业而忽略质量。

设置存折期限：从上一年级的第一天开始，家长可以根据孩子实际情况灵活处理。

设计"存折"：可以自由设计一本存折，让孩子动手是最佳的创意。封面写上"××家庭时间银行"，××即孩子的名字；内页开始像银行存折打出来的单一样。

××家庭时间银行

时间	金币	存/支	备注
9.1	+10	存	早起床5分，奖10分
9.2	-5	支	语文作业超时，扣5分
……	……	……	……
……	……	……	……

积分换物的规则：这些存下来的时间可以由孩子来支配，换取孩子想要的东西，比如用 200 分换一次游乐场玩，20 分换一本书、玩具等。家长可以根据孩子的特点与需求略作指导性的意见，让孩子在换取自己所需之物的过程中明白存得多换得多的概念的，而不是无休止地满足自己的要求。

适当放手，给孩子自主计划的机会

> 高尔基说："不知明天该做什么的人是不幸的。"小到身边的点点滴滴，大到一生的目标追求，计划都是不可缺少的。做事有计划不仅是一种习惯，更反映了一种态度，它是能否把事情做好的重要因素。

有些孩子学习毫无计划。"脚踩西瓜皮，滑到哪里算哪里"，这是很不好的。不会安排时间的孩子会觉得自己非常忙，很多事情搅和在一起，毫无头绪；有时间计划的孩子则显得从容不迫，无论是学习还是玩游戏都游刃有余。

做事没有计划的孩子，会把10分钟的作业放到困得眼睛睁不开的"混沌"时刻再写；做事没有计划的孩子，会在入队时忘记戴红领巾；做事没有计划的孩子，会在运动会上，把带来的10元零花钱一上午的时间全部花完，而整个一下午忍着口渴而没钱买水……这便是做事缺乏计划性、条理性带来的弊端。

做事没有计划的人，无论从事哪一行都不可能取得成绩。对于孩子来说，做事有计划是非常重要的。它可以帮助孩子有条不紊地处理应该处理的事情而不会手忙脚乱，所以，教会孩子安排学习时间是家庭教育中不可忽视的问题。如何让孩子学会安排学习时间，有计划行事，需要家长掌握一些教育方法。

制订时间计划表的几个原则

1. 计划由孩子自己定

计划表是需要孩子自己来执行的,所以一定要由孩子自己来制订。家长可以与孩子一起讨论,但最终的决定权一定要交给孩子。让孩子觉得这不是家长强迫自己,而是自己许下的承诺,一定要努力完成。家里如果有其他的事情发生,比如要出门旅行,要提前告诉孩子,和孩子一同协商改变孩子的计划表。不要让孩子在游玩的时候忘记学习。

2. 注意作息时间

孩子在计划时间时要注意白天和夜晚的特点,合理安排学习。一般来说,应该充分利用白天的学习时间。因为孩子在白天的精神状态比较好,记忆力也比较强,思维活跃,白天 1 小时的学习效率相当于夜晚的一个半小时。所以家长们要规定孩子的作息时间,早睡早起,别让孩子成为"夜猫子"。

3. 时间计划要具体详细

把具体的学习和活动任务列出来,让孩子知道自己每天都有哪些任务要完成,今日事今日毕,不要总是想着星期天有很多的时间,毕竟星期天还有星期天要做的事情。完成一项学习任务划掉一项。

4. 完成计划要给予奖励

如果孩子能够完成计划,家长可以适当给予奖励。奖励的内容最好征求孩子本人的意见,可以在周末陪孩子去游乐园,也可以在经济条件许可的情况下,给孩子买一件他喜欢的礼物。奖励是一种家长为孩子庆祝的方式,一定要让孩子体会到家长的欢乐。

方案　培养孩子的计划性这样做

1. 家长做到日常生活有计划

教育学家研究发现，做事没有计划，跟日常生活环境有很大的关系。比如，有些家长自己做事就没有轻重缓急的概念，生活一团糟，每天都会落东西，做着这件事才想起更重要的事情被忽略了，一点计划都没有。在这种生活环境中长大的孩子又怎么能够养成有计划做事的好习惯呢？所以，在日常生活中，家长做事一定要有计划。家里要整理得井井有条，东西不要乱放，看完的书要放回原处，衣柜里的衣服要分类摆放等。

另外，有些家长特别溺爱孩子，抢着帮助孩子收拾这儿收拾那儿，替孩子削铅笔，帮孩子送落在家里的作业本和红领巾……这些做法让孩子渐渐生出了依赖性，继而养成了做事不分先后、缺乏计划的坏习惯。所以家长要从自身开始，改变现有的教育方式，从小就培养孩子"自己的东西自己整理"的好习惯。这样一来，孩子才会养成做事有计划的习惯，从而节省下大量的时间资源，集中注意力做最重要的事情。

2. 让孩子计划家庭集体活动

生活中一些实践性的锻炼最能培养孩子做事有计划的习惯。所以，家长平时要注意，除了孩子自己的事情让孩子计划，家里的一些集体活动也可以让孩子计划安排。比如，一家人有老有小，在周末的时候去公园游玩，孩子往往会喜欢玩一些新奇刺激的活动，像碰碰车什么的。而家长让孩子计划家庭活动，要求孩子既要照顾大家，也要考虑个人的喜好。如果孩子安排得合理，就按照孩子的安排去做。如果安排得不合理，就要跟孩子讲清为什么。

碎片化时间有时候更有效率

"一毛钱很少,但如果世界上每人都拿出一毛钱,那将是一笔巨资。"时间亦是如此,零散的时间看似没有什么价值,但是长期的坚持和积累之后,孩子便会发现自己变成了时间的"富翁"。

日常生活中,家长有没有尝试让孩子将零散的时间利用起来呢?如果尝试指导孩子将那些碎片化时间利用起来,孩子会惊奇地发现,原来自己一天可以有这么充裕的时间,可以完成这么多事情!

小涛最近总是在"半瞌睡状态"中完成自己的家庭作业,以前晚上9:30就能上床睡觉,可进入高年级后,睡觉时间一拖再拖。老师帮助小涛找原因,原来问题就出在他还在沿用低年级时的学习习惯。

以前,小涛一放学,吃完晚饭,总要看完动画片(7点以后)才开始做作业,中途还磨磨蹭蹭,逛逛玩玩,即便这样,一般半个小时就可以结束"战斗"。可年级升高了,作业量明显增多,放学时间也晚了,这时还用老方法当然就得吃时间的亏,最终导致睡眠不足,影响学习效率。

聪明的小涛最后从高年级的大哥哥、大姐姐那里"偷师",争分夺秒抢时间,利用课间零散的休息时间先解决掉一部分作业,回家后任务自然就轻松了很多。

人们由一种活动转为另一种活动时,中间会留下一段空白地带,回忆一下孩子一天的流程：吃饭、睡觉、学习，孩子一天的时间基本上是被这三项活动"承包"了，然而在这三项活动的间隙里，会有很多"零布头"的时间存在。如果孩子善于利用零散时间，就像上述事例中的小涛一样，可以轻松很多，最大限度地提高学习效率。

孩子上课周时间分布

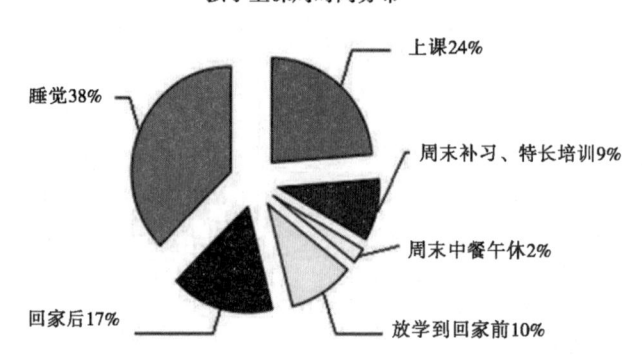

睡觉38%
上课24%
周末补习、特长培训9%
周末中餐午休2%
放学到回家前10%
回家后17%

大多数孩子认为这些琐碎的时间没什么用处，所以不懂得珍惜。例如，离出门时间还有半个小时，就什么事都不做了，磨磨蹭蹭的半个小时便打发掉了。其实，这些时间看似很少，但集腋能成裘，几分、几秒的时间汇合在一起也大有可为。"不积跬步无以至千里"对于时间也是如此，应该利用好每一分钟。家长可以根据这些零散时间的长短，让孩子安排一些知识点的学习，如听听英语、看看书、读几段名人名言、熟悉几遍公式、记几个单词、想一想今天遇到的难题、安排一下作文思路等。

方案 教孩子善用碎片化时间这样做

1. 帮孩子制作知识点小卡片

并不是埋头到书本里才叫学习，孩子不方便抱着课本、演算习题时，就需要学会"脱稿"学习。比如上学、放学路上，在车站这种通常人多嘈杂拥挤的地方，无法安静地思考一些问题，听音频又需要很大的声音，容易伤害听力，可以提前将单词、诗句、公式等写在小卡片上，让孩子在这个时间里拿出来看一看。这种方式可以随看随记，又不用联系上下文，对掌握一些小的知识点非常有效。如果孩子是跟同学一起上下学，互相之间还可以针对某一知识点进行讨论，这样不但能碰撞出不同的观点，还能帮助加深记忆，更有助于知识的查漏补缺。

2. 让孩子随身带一本书

既然要利用零散时间来学习，什么都不带那还学些什么？所以不论是课本还是课外书，一定要让孩子随身带至少一本书，这样断断续续的零散时间才有事情可做。当然，孩子在明确了自己的不足之处，发现了自己的弱势科目之后，常备书本以自己的薄弱科目为宜，也可以带一些拓展知识面的、有趣的课外读本。

3. 让孩子准备一个播放器

碎片时间具有很大的不确定性，周围的环境因素也不一定适合学习。如果在地铁、公交车上人多嘈杂，即使学习也难以全神贯注。所以家长可以让孩子提前准备好一个播放器，在学习的时候戴上耳机以防止外界打扰，可以选择轻柔的纯音乐。另外，也可以下载一些英语听力或演讲稿到播放器里，在这段时间里练习英语听力或口语表达也是不错的选择。

4. 教孩子脑海重播"小电影"

每天起床时和临睡时的两个零散时间段被誉为"记忆的黄金时间段"。所以，睡觉前，可以让孩子躺在床上，闭上眼睛，在脑海里把今天学过的内容像演"小电影"一样复习一遍，第二天早上醒来时，再把昨天晚上记忆的"小电影"重播一遍，这样学习的效果非常明显。

好好休息，也是提升专注力的有效渠道

"能收能放，劳逸结合"，午休是孩子在繁重的学习中必不可少的部分。列宁说："会休息的人才会工作"，午休之后的学习效率会大大提高。

午休是最佳的"健康充电"也是提升专注力的有效方法，午睡对孩子恢复体力，下午上课集中注意力，是非常有好处的。

姗姗最近家庭作业完成得不是很好，作业写得慢，还错误百出。妈妈问姗姗怎么回事，姗姗回答说："我上课没听到老师讲。"

"为什么没有认真听老师讲课呢？"

"我一到下午就老想睡觉，集中不了注意力。"姗姗答道。

妈妈没有再追问姗姗，询问了姗姗的班主任老师，才发现原来是姗姗最近迷上了看故事书，班里好多同学互相借着看，姗姗也就利用中午午休的时间来看了，结果丢失了午休时间，下午上课便没有了精神。

佛罗里达大学的一位睡眠研究专家说，午休已经逐渐演化成为人类自我保护的方式。人体除夜晚外，白天也需要睡眠。在上午9时、中午1时和下午5时，有3个睡眠高峰，尤其是中午1时的高峰较明显。也就是说，人除了夜间睡眠外，在白天有一个以4小时为间隔的睡眠节律。午休是正常睡眠和清醒的生物节律的表现规律，是保持清醒必不可少的条件。不少人，尤其是脑力劳动者都会体会到，午休后工作效率会大大提高。

孩子养成午休习惯好处多

1. 消除疲劳，恢复体力

经过一个上午的活动、学习，孩子的体力和脑力都消耗了不少，大脑处于疲劳状态。午休就起到了补偿能量的作用，可以使孩子的大脑及身体各个系统都得到放松与休息，帮助消除疲劳，恢复体力。首先它可以让孩子身体和精神得到放松，消除白天的紧张、疲劳，弥补夜间睡眠不足造成的影响，从而提高下午的学习效率。对于正处在身心发育重要阶段的孩子来说，午休对身体的成长更是有着不可替代的作用。

2. 提高免疫力，改善功能

午睡虽不是主要睡眠，且时间短暂，但它所产生的效应却不容忽视。午睡不但有利于补足必需的睡眠时间，使身体得到充分的休息，并对改善脑部供血系统的功能、增强体力、消除疲劳、提高午后的学习效率具有良好的作用，同时午睡还具有增强机体防疫功能的作用。德国精神病研究所的睡眠专家发现，午睡可有效刺激体内淋巴细胞，增强免疫细胞活跃性，从而提高孩子的免疫力。

3. 缓解紧张情绪，平衡心理

研究表明，午休是缓解紧张的有效办法，它能有效地帮助人们保持心理平稳。美国哈佛大学心理学家发现，午睡可改善心情，降低紧张度，缓解压力，美国斯坦福大学医学院的一项研究更是发现，每天午睡还可有效赶走抑郁情绪。当睡眠时，不但大脑皮质的神经细胞受到保护抑制，得到休息，同时身体各部分也能得到全面的休息，使全身肌肉放松，缓解紧张情绪。

方案　让孩子科学午休这样做

1. 为孩子创造良好的午休条件

家长在孩子午休前,要做好充分的准备。给孩子洗干净手和脸,换上宽松的衣服上床。

睡前半小时,孩子不宜剧烈运动,散步是一个很好的选择,睡前让孩子在户外散步,大脑会更清醒,心情会更舒畅。家长可以在饭后稍微带孩子在小区里散步 20 分钟,呼吸新鲜空气,在草坪上玩耍,观察花园里花草树木的生长变化,或在台阶上坐一会儿,晒晒太阳,互相聊一聊,自由交流,为午睡做准备。

如果孩子不容易安静下来,可以在午睡前做一些小游戏或者讲一些故事,让孩子情绪稳定,安静入睡。可以选择让孩子玩一些益智的游戏,像手指套圈、串珠、插鱼鳞和拼图等,这些有趣又安静的小游戏可以使孩子原来高涨的情绪快速稳定下来;爱听故事是孩子的天性,故事中生动的情节能深深吸引着孩子,能让孩子很快安静下来。

2. 用正确的方法安排孩子午休

午休也需要讲求一定的科学方法,否则不但不能帮助孩子消除疲劳、恢复精力,还会造成不可逆转的身体伤害。

首先,午饭后,孩子过饱时不要强迫孩子入睡。因为刚吃完午饭,孩子的胃内充满了食物,消化功能处于运动状态,如果这时午睡会影响胃肠道的消化,不利于食物的吸收,长期这样会引起胃病,同时,也影响午睡的质量。

午休要注意睡觉姿势,一般认为睡觉正确的姿势是以右侧卧位为好,因为这样可使心脏负担减轻、肝脏血流量加大,有利于食物的消化代谢。但实际上,由于午睡时间较短,可以不必强求卧睡的偏左、偏右、平卧,只要能迅速入睡就行。将裤带放松，便于胃肠的蠕动，有助于消化。如果是趴坐在桌子上午睡的话，最好拿个软而有一定高度的东西垫在胳膊下，这样可以减小挤压，比较容易入睡。

3. 合理安排孩子午休时间

午休的时间不宜过长，以 10~30 分钟为宜。因为研究表明，人的睡眠是由浅睡眠和深睡眠两个阶段周期性循环交替的。如果孩子入睡超过 30 分钟，便会由浅睡眠进入深睡眠阶段，这时大脑的各中枢神经的抑制过程加深，脑组织中许多的毛细血管暂时关闭，流经脑组织的血液相对减少，体内代谢过程逐渐减少，若在此时醒来，孩子会感到周身不舒服而更加困倦。

教会孩子分清轻重缓急，有效提升时间管理能力

> 一个人知道自己该做些什么事情很重要，但是一个人更要知道什么事情是不该做的，什么事情做了也是枉费工夫。也就是说要学会分清事情的轻重缓急。

古人云："事有先后，用有缓急。"一个人是否有做事头脑，关键看他处事能否分清轻重缓急；智慧之道，就在于明白何事可以略过不论。分清事情的轻重缓急，不但做起事来井井有条，完成后的效果也是不同凡响。

在一次上时间管理的课上，老师在桌子上放了一个装水的空罐子。然后又从桌子下面拿出一些正好可以从罐口放进罐子里的鹅卵石。

当老师把鹅卵石放进罐子后，问他的学生道："你们说这罐子是不是满的？"

"是。"所有的学生异口同声地回答说。

"真的吗？"老师笑着问。然后再从桌底下拿出一袋碎石子，把碎石子从罐口倒下去，摇一摇，再加一些，再问学生："你们说，这罐子现在是不是满的？"这次他的学生不敢回答得太快了。

最后班上有位学生怯生生地细声回答道："也许没满。"

"很好！"老师说完后，又从桌下拿出一袋沙子，慢慢地倒进罐子里。倒完后，老师再问班上的学生："现在你们再告诉我，这个罐子是满的呢，还是没满？"

"没有满。"全班同学这下学乖了，大家很有信心地回答说。

"好极了！"老师再一次称赞学生们。

称赞完了后，老师从桌底下拿出一大瓶水，把水倒在看起来已经被鹅卵石、小碎石、沙子填满了的罐子里。

当这些事都做完之后，老师正色问他班上的同学："我们从上面这些事情得到什么重要的功课？"

班上一阵沉默，然后一位自以为聪明的学生回答说："无论我们的工作多忙，行程排得多满，如果要逼一下的话，还是可以多做些事的。"

这位学生回答完后心中很得意地想："这门课到底讲的是时间管理啊！"

老师听到这样的回答后，点了点头，微笑道："答案不错，但并不是我要告诉你们的重要信息。"说到这里，这位老师故意顿住，用眼睛向全班同学扫了一遍说："我想告诉各位最重要的信息是，如果你不先将大的鹅卵石放进罐子里去，你也许以后永远没机会把它们再放进去了。大家有没有想过，什么是你生命中的鹅卵石？"

由这堂课可知，事有轻重缓急，要循序渐进。家长在安排孩子的时间时，要排好顺序，然后一件一件地让他完成。渐渐地，孩子自己就会学会分清学习和生活上哪些事情比较重要，要先完成。他下意识会认为，写作业当然比看电视、玩游戏重要得多，完成了才能腾出更多的时间玩。所以，家长要培养孩子分清事情轻重缓急的习惯。

方案 让孩子学会分清轻重缓急这样做

1. 二八定律，教孩子抓紧时间做重要的事

二八定律是19世纪末20世纪初意大利经济学家巴莱多发现的。他认为，在任何一组东西中，最重要的只占其中一小部分，约20%，其余80%

尽管是多数,却是次要的。我们生活中到处都有"二八定律":国家80%的人口被20%的人统治,企业80%的利润来自20%的客户,80%的赌博者输给20%的人,80%的人只使用软件20%的功能,80%的时间花在解决20%的问题。

有时候花的时间越多获得的成效并不一定越高,琐碎的多数事情花了我们80%的时间,但是它带来的成效只有20%;重要的少数事情只花了我们20%的时间,但是它带来的成效却有80%。一个人的时间和精力都是非常有限的,要想真正"做好每一件事情"几乎是不可能的,要学会合理地分配时间和精力。面面俱到不如重点突破,把80%的资源花在能出关键效益的20%的方面,这20%的方面又能带动其余80%的发展。

家长可以运用"二八定律"来教孩子先抓紧时间做重要的事情,剩余的时间再处理小事、杂事。让孩子花80%的精力做好重要的事情,花20%的精力做好其他不重要的事情,这样才能避免将时间和精力花在无关紧要的琐事上,保证学习的效率。

2. 艾森豪威尔法则,让孩子给事情按轻重缓急归类

"艾森豪威尔法则"又叫"十字法则"或"四象限法则"。创始人艾森豪威尔发现,自己的精力往往被紧急但较不重要的事情所占用,而并未完全或者尽可能地将时间与精力用在重要的事情上。因此艾森豪威尔作了一个"十字时间计划":画一个十字,分成四个象限,分别是重要而且紧迫的,重要但不紧迫的,不重要但紧迫的,不重要而且不紧迫的,把自己要做的事都放进去,先做最重要而紧急的那一象限中的事,再做重要但不紧迫的,然后做不重要但紧迫的,最后做不重要而且不紧迫的。这样一来,艾森豪威尔的工作生活效率大大提高,此方法后来被世人纷纷效仿。

有时孩子可能同时面临几项学习任务,感觉压力山大,不知从何着手,便会拖着不做。或者计划完成一个重要的学习任务时,经常被一些小心思,比如查一下什么,出去买点什么打断,导致不能按计划完成。对于

艾森豪威尔法则

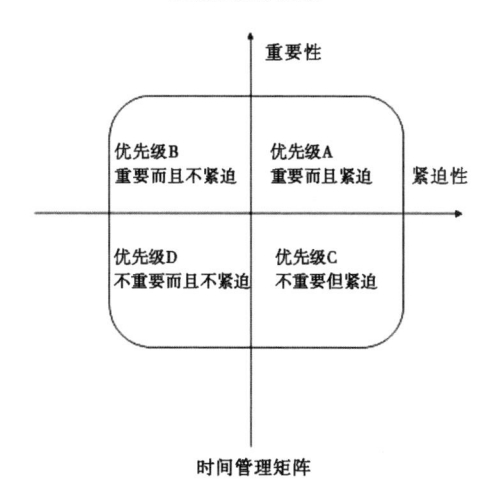

```
            重要性
             ↑
  ┌──────────┼──────────┐
  │ 优先级B   │ 优先级A   │
  │ 重要而且  │ 重要而且  │
  │ 不紧迫    │ 紧迫      │
  ├──────────┼──────────┤──→ 紧迫性
  │ 优先级D   │ 优先级C   │
  │ 不重要而且│ 不重要但  │
  │ 不紧迫    │ 紧迫      │
  └──────────┴──────────┘
```

时间管理矩阵

这种情况，家长和孩子可以根据"艾森豪威尔法则"，按照事情的重要性、紧迫性规划出"时间管理矩阵图"。如下图，家长帮孩子回顾一周的事情，把每件事情花费的时间多少都一一列在纸上，越详细越好。然后将这些事情按A-B-C-D分类归入到下列时间矩阵图中。家长可以看看孩子是不是存在D（水型事务），如果存在，在以后要尽量戒除水型事务。

	不紧迫	紧迫
重要	B（碎石型事务，重要而不紧迫） a b c ……	A（石块型事务，重要而且紧迫） a b c ……
不重要	D（水型事务，不重要而且不紧迫） a b c ……	C（细沙型事务，不重要但紧迫） a b c ……

帮助孩子戒掉拖延症

效率是决定胜负的关键,一个优秀的人,往往有着很高的办事效率。一个拖拉的人,不能做自己时间的主人,会使得自己的计划、理想在拖拉中落空。孩子正是学习和培养良好习惯的黄金时期,家长非常有必要让孩子克服拖拉的习惯。

很多孩子因为是独生子女,在家长的精心呵护之外会发现孩子依赖性很强,慢慢养成做事拖拖拉拉的坏习惯。

华华是小学二年级的学生,他聪明活泼,惹人喜爱,但是在做作业这个问题上却总让妈妈头疼不已。华华妈妈说:"华华写作业太拖拉,你得时刻盯着他才会做。而且他的注意力一点也不集中,有什么声音他都得跑去看一下。我每天工作特别累,回家还得看着他。这些天他还学会了撒谎,叫他做作业,他要么说做完了,要么说没作业。"

有些孩子不论做什么事,都慢慢腾腾,经常拖延时间,好像一点不着急。举手可办的事情,就是拖着不肯做,做作业十分拖拉,明明 1 小时就能完成的功课,偏要熬到深夜。有时甚至要家长代写,帮忙收拾残局。虽然批评他,但效果一直不大。

其实,孩子写作业拖拖拉拉不仅是学习能力不足的表现,有的与孩子的性格有关,有的和孩子的生活习惯有关。拖拉并不是孩子的天性,而是孩子的一种逃避行为,具体表现为不喜欢的事情就拖拉,喜欢的事情立马行动。比如，当孩子得到自己喜欢的礼物，总是迫不及待地打开，绝不会拖拉半天不去接触。为什么？因为他喜欢，而且对礼物充满了好奇。而面对学校的作业时孩子往往表现出截然相反的表现，其中有很多原因。最直接的也许就是孩子们对作业不感兴趣。他们对学习任务有一种抵触情绪，不愿去面对，就会拖拉，拖到无法再拖的情况下，才迫不得已去完成。

所以，对孩子拖拉的问题，家长需要理性认识、对症下药，不能一概而论，一味地指责，应该具体问题具体分析，找到内因和外因，科学地帮助孩子解决问题，培养他良好的学习和生活习惯。

孩子拖拉成性有原因

1. 生理原因

每个人天生的性格气质各不相同。有些人是多血质的，天生活泼好动，反应迅速；有些人是胆汁质的，反应非常迅速，但准确性差；有些人是黏液质的，安静稳重；有些人是抑郁质的，反应迟缓。先天气质后天改变的幅度非常小，非得要把一个抑郁质的人培养成多血质的人几乎是不可能的。所以，有些孩子的拖拉是由本身的性格气质决定的。孩子太拖拉首先要考虑生理上的原因。年龄过小的儿童因为大脑发育尚未完全，神经连接还不完善，导致反应较慢。此外，天性安静稳重的儿童做事也容易拖拉。

2. 学习障碍

大多数做作业拖沓的孩子看上去很聪明，思维也很活跃，可一开始写作业，就显得心烦意乱。家长要了解，写作业所需要的基本能力就是视觉和动作协调配合的能力，所有的作业材料都必须通过视觉来做文字的处理，这是材料输入的过程；同时还要有手的动作，这是输出的过程。

输入和输出过程总是联系在一起的。如果孩子视觉、动作统合能力落后于自己的实际年龄，不足以应付大量的抄写任务，那么做功课的速度就会明显下降，再加上小孩子本身在自我克制方面就比成人要差，学习往往凭兴趣，所以做作业时一旦有点别的刺激，就会出现左顾右盼、拖拖拉拉的现象。当孩子出现上述问题时，家长应该考虑到孩子在视、动统合方面可能存在着能力的落后，一旦"确诊"，可以通过系统的训练克服学习上的障碍，补救或提升学习能力。

3. 外界因素

孩子拖拉在某种程度上是由于物质丰富，干扰太多导致的。为了让孩子能够专心高效地学习，家长要给孩子学习创造一个单纯安静的环境。将孩子书桌上的玩具和图书都收起来，只放做功课必要的几件文具，并且在孩子做功课期间，家中电视和音响声音不可过大。

4. 负担过重

现在的孩子生活水平高了，学习条件好了，可是由于家长望子成龙、望女成凤的心切，老师教学压力过大，给孩子的负担也越来越重了。学校里有听不完的课，做不完的作业，回到家，还有家长布置的没完没了的练习题。有些孩子刚开始上学，聪明伶俐，爱读爱写，完成了作业以后，爷爷奶奶督促背诵，饭后，爸爸妈妈考查听写。所有的节假日里，排满了孩子一点也不感兴趣的弹琴、画画……短时间内，在亲人的鼓励中成长，苦中有乐。可是随着时间增长，家长的期望值变高，孩子学习的难度加大，所受的批评变多，表扬变少。直到有一天，孩子疲惫了，无法完不成这些作业，于是，孩子希望得到的快乐游戏、自主活动没有了，甚至于连以前经常萦绕在他们耳边的赞扬也没有了。就从这一刻起，恶性循环开始了，不再有早些完成作业的希望，不再有做好作业的愉悦，横竖都是做不完的作业，索性边做边玩，做到哪儿算到哪儿吧！久而久之，做事磨磨蹭蹭的习惯就养成了。

5. 家长溺爱

小心服侍、百般疼爱是当今很多家庭对待孩子的共同方式。具体表现在：早晨亲亲摸摸，拉出被窝，穿好衣裳，挤了牙膏，喂了早餐，送进学校；中午接进大门，端上饭碗，又哄又劝，吃完午饭，又拍又打，洗了手脸，整好衣服，再送学校；晚上一进家门，就说好累，书包一扔，打开电视，就势一躺，说是换脑，又催又哄，打开书包，作业摊开，家长陪着，好不容易，作业完了，家长赶快，整理书桌，倒好热水，刷牙洗脚，家长包了。以上所说，虽然可能有些夸张，但也不是瞎说。而所溺爱的这些孩子，却并不理解家长的关爱，认为理所当然。事事依赖家长，起床慢，走路慢，作业慢，直到拖拉得让人头痛。

6. 沉迷电子游戏

随着信息技术的发展，电教媒体走进了学校，走进了家庭，这当然十分可喜。但与此同时，电子游戏也以不可抵挡的势头进入了孩子的生活。如果缺少了家长、老师及时、正确的引导，孩子便会沉迷其中，不可自拔。当孩子的头脑里装满了游戏，学习成为一种疲累的时候，他们怎么会精力充沛、兴致勃勃地学习？这时，做作业费时、质量差，做事磨蹭，也就成了孩子的特点。

方案 帮助孩子摆脱拖拉习性这样做

1. 让孩子承担拖拉所导致的后果

让孩子承受拖拉造成的后果，不要替他们做什么，也别总是提醒他们。如果孩子忘记按时做某件事，或者做事拖拖拉拉，之后又为最后期限的到来或发生的后果担心，同情地听他们诉说，但不要帮他们解决问题，让孩子自己去弥补。许多孩子只有自己承担了事情的后果才会改正。

2. 营造良好的家庭氛围

不良的学习和行为习惯来自于家庭的教育方式和行为方式的影响,家长平时做事要干净利落,做家务、做事情、吃饭等都要讲究效率,给孩子做出表率。当孩子出现拖拉的习性时,家长首先要在家庭中及时并坚定地给予纠正。比如吃饭,家长规定孩子要在 18 分钟内吃完,那么家长首先要做到,18 分钟一到就收拾碗筷,不给他吃了,不论他怎么请求都不行,也不给他零食,到了下顿饭才允许他吃,下次肯定吃得快。

3. 让孩子有规律地生活

家长平时要注意培养孩子规律的生活节奏,养成孩子早睡早起的好习惯,这样才能让孩子有充足的时间做他该做的事情。如 8 点钟上学,那么家长在 1 小时之前就要叫醒孩子,让他有充分的准备时间。家长责备越多,孩子压力越大,动作越慢。有些准备工作可隔晚做好,如留心气象预报,准备好雨具等。孩子的玩物、吃食等物品,应该提前准备好,可以不要在早晨做的事,尽量不要在早晨做。

4. 与孩子沟通交流

家长经常与孩子交流,建立共情沟通关系是非常必要的。不断地了解孩子的内心世界,发现孩子喜欢什么,能做好什么,发现孩子生活中每一个小小的进步。每一次灵光闪现,鼓励他、激发他。孩子拖拉,不愿意干什么事情,一定有其原因。如果遇到孩子的抵触心理、反感情绪,家长都要多份耐心少点牢骚,多份细心少点抱怨,用心和孩子交流沟通,这样才能发现孩子、了解孩子、找到孩子不愿意做事的症结所在。

5. 激发孩子的兴趣

(1) 围绕中心兴趣,培养和激发孩子广博的兴趣。广博兴趣和中心兴趣是一个良好兴趣品质的两个方面,二者是辩证统一的。良好的兴趣品质是既博又专,专博结合的。现在,孩子的学习负担偏重,这对孩子兴趣的发展是很不利的。家长应该走出只重视智育或考试成绩的怪圈,为孩子多创造一些条件，鼓励并调动孩子，使孩子课外活动丰富多彩。一方面要为培养和激发学生的广博兴趣积极出主意、想办法，当好参谋和组织者；另一方面要指导孩子正确地认识自己的潜力，努力培养中心兴趣。

（2）培养孩子稳定而有效的兴趣。兴趣的稳定性，是指兴趣长时间保持在某一对象或某些对象上。在这方面，个性差异很大。有些孩子对事物缺乏稳定的兴趣；有些孩子则有稳定的兴趣，凡事力求深入，锲而不舍。稳定而持久的兴趣，对孩子的学习和生活都有重要的意义。另一方面，兴趣的效能也是兴趣的重要品质，只有培养孩子形成稳定又有效的兴趣，才会产生积极的内部动机，激励孩子掌握知识，促进其人格的健全发展。

（3）增强孩子的成就动机，提高兴趣的效能。成就动机是指一个人力求实现有价值的目标，以便获得新的发展、地位或赞扬的一种内在推动力。有关于这方面的研究表明：成就动机越强的孩子，学习的积极性越高，学习的内在潜力发挥得越好。心理学家也认为：成就动机越强的孩子，他们学习的自觉性、主动性和坚持性就越强。可见，成就动机强，可以更好地使潜在的兴趣转化为现实的、起作用的兴趣。

一心二用，才是专注力的杀手

> 一个人的精力是有限的，所以应该一次只专注于做一件事，彻底完成一件事后，再开始做下一件事才能提高效率。如果一个人无论随便什么事情都投入相同的精力，过于努力想把所有事情都做好，那他将会一事无成。

《猴子掰玉米》的故事我们都知道，猴子在地里掰玉米，刚掰下一个，觉得前面的更好，就扔下手里的去掰另一个，另一个到手，觉得还有更好的，又去掰那个"更好的"，最后摘了一个烂玉米。生活中，有很多孩子就像这只猴子一样，做什么事都毛毛躁躁，总是一心二用，甚至一心多用，无法专心地一次做好一件事，结果是捡了芝麻丢了西瓜。

小迪今年7岁了，刚上一年级。小迪平时做事总是三心二意的，周末看见妈妈在打扫房间，便很主动地对妈妈说："我来帮妈妈扫地吧。"妈妈很高兴的把扫地的任务交给了他。

地扫了一半，小迪发现茶几有点脏，便去拿抹布来擦，结果在茶几下面发现了之前自己丢弃在这里的小玩具，于是小迪便开心地摆弄起了他的玩具，早把扫地的任务忘到九霄云外了。

妈妈对此很无奈，小迪写起作业来也是三心二意，一会儿做数学，一会儿做语文，一会儿又看课外书，老是边做边玩，或者做着这件事情想着那件事情，注意力被有趣的事吸引了去，以至于做作业的效率非常低，本来一个小时就能完成的作业，往往需要3~4个小时才能写完。

孩子在学习、做事的时候，最大的敌人就是注意力涣散，手里做着这件事，心里又想着另一件事，当然容易降低专注力，况且不断分心想着其他未完成的事，容易产生慌张与压力，更加耽误时间。因此，家长要告诉孩子，不管面临多少事情，要想做好，最简单的办法就是每次只做一件事，并做好这件事。

孩子三心二意缘于家长的"捣乱"

对于孩子的三心二意，很多家长都觉得这是孩子不听话、不懂事，甚至认为这是孩子的性格使然，便一味地责备、抱怨孩子不能专心学习或做事。殊不知，孩子之所以不能集中注意力做一件事情，很大一部分原因是家长在旁边"捣乱"。

1. 经常批评、否定孩子

如果孩子经常受到家长的批评和否定，自信心和自尊心都会深受打击，可能会出现无助、自卑，甚至自暴自弃的倾向，从而不肯专心做事；也可能会出现恐惧心理，一边做事一边害怕因为自己的一点小失误而遭到家长的批评，从而无法把全部注意力集中在所做的事情上。

2. 过度关注、宠爱孩子

现在很多孩子都是独生子女，面对家里的"独苗"，全家人都像众星捧月般关注着孩子，宠爱着孩子。在这种情况下，孩子会很容易变得自我、随心所欲、为所欲为，缺乏忍耐力、克制力，从而难以静下心来做事情。比如，孩子原本正在专心地写作业，妈妈叮嘱他专心，爸爸在一旁指导他，爷爷进来送牛奶递水果，奶奶在旁边嘘寒问暖……试想，孩子的注意力还会集中在写作业上吗？另外，由于全家人对孩子宠爱有加，原本他应该做的事情都被家人代劳了，久而久之，孩子就会养成依赖心理，只要一遇到难题就会向家人求助，自然也就无法把精力都集中在一件事情上了。

3. 教育方式不统一

小到穿衣吃饭，大到考试求学，家长对孩子的教育问题难免会有冲突，而当家长用不一致的方式教育孩子时，不仅会破坏家长在孩子面前的权威性，还会让孩子的思维处于无所适从的状态，进而无法专心于某一件事情。

4. 给孩子太多的刺激

孩子的注意力分配能力是非常有限的，如果给他过多的刺激，就势必会分散他的注意力。这种刺激包括语言上的刺激和物质上的刺激。比如，很多妈妈都有唠叨的习惯，交代孩子做某件事情时，总会反复说好几遍，就怕他记不住；孩子正在做某件事情，则在一旁不停地提醒、指导等。这样做很容易导致孩子无法集中注意力。还有很多家长认为玩具越多越好、课外书越多越好，这样孩子想玩哪个就玩哪个，想看哪本就看哪本。殊不知，外在的刺激太多，反而会使孩子看得眼花缭乱，进而无法安心地玩一个玩具、看一本书。所以，最好只给孩子一两个玩具、一两本书，等孩子玩腻了、看完了，再给他换新的。

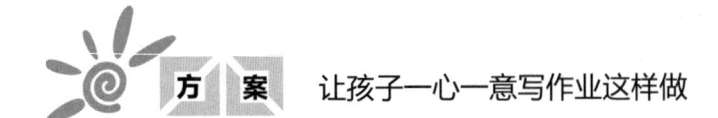

方案　让孩子一心一意写作业这样做

1. 给孩子创造有利环境

孩子的自控能力比较差，给孩子创造一个舒适、安静、良好的利于集中精力的环境就显得尤为重要了。因此，家长最好给孩子安排单独写作业的房间，房间应宜人但不过于舒适，陈设要简约，不宜过于花哨，不要摆放过多的糖果、玩具等容易使孩子分心的干扰物。家里的电视声音不能过大。

同时家长也要注意,当孩子在专心学习时,家长千万不能去打扰,这样会打断孩子的思路,也会使他的注意力分散。比如,在孩子专心地看一本书时,家长不要一会儿让他喝口水,一会儿让他吃口饼干,或是让他帮一个忙,而是要让他集中注意力做完手头的事情,再给他端杯水或递块饼干。当然,孩子在专心玩耍的时候,家长也不要去打扰,可以给孩子规定学习和玩耍的时间,让孩子学的时候认真学,玩的时候痛快、自由地玩。这样,孩子才能专心致志地完成一件事后再去做另一件事。

2. 培养孩子做事的秩序感

为了避免孩子同时做两件或两件以上的事情,就要培养孩子做事的秩序感,让孩子知道先做这件事,再做另一件事,而不是妄想自己化身为超人,同时做好几件事。比如,孩子在写作业的时候想去看电视,这是不允许的,要让孩子知道,必须写完了作业,才能去做下一件事;当然,在玩的时候也一样,如果孩子在玩滑梯的时候,又想同时玩沙子,这两件事显然无法同时做到,家长应该告诉他,先玩滑梯,然后再去玩沙子,或是先玩沙子,再去坐滑梯,这样才能两样都玩好。

如果孩子一定要放弃正在做的事情,家长要让孩子说出充分、合理的理由,不然在一件事情没有完成时,尽可能不要让孩子进行下一件事。如果孩子必须做两件或两件以上的事情时,一定要让他分清主次,先做完重要的事情,再做次要的事情,一件一件地完成。

3. 增强孩子的兴趣和意志

"兴趣是最好的老师",对一件事感兴趣,就会不计得失,一心一意,集中精力做好它,不被其他事情所影响。所以家长要让孩子积极地寻找、发现学习中的一些乐趣,培养对学习的兴趣。当然,在学习的过程中,孩子不可能对每一门学科都感兴趣,这种情况下就要靠意志来控制专注力了。

4. 根据难易程度安排作业顺序

研究表明，开始学习的头几分钟效率比较低，随后上升，15分钟后达到顶点。根据这一规律，家长可以让孩子先做一些较为容易的作业，在注意力集中的时间做较为复杂的作业。如此一来，不会因为一开始就接触难度较大的作业而产生烦躁、抵触情绪，转而转向别的有趣的事情。

5. 指导孩子分阶段完成要做的事情

当孩子要做的事情难度比较大的时候，家长可以教孩子分阶段完成任务。比如，孩子参加1500米长跑时，家长可以建议孩子把赛程按照300米来分段，一个一个地攻克分段赛程。这样，孩子就能更专注，也能更坚持地完成任务。做其他事情也是一样，可以让孩子在规定的时间内，分阶段一步一步地完成要做的事情，这样不仅有利于集中孩子的注意力，还能提高孩子的办事效率。

和孩子一起培养遵循时间的习惯

> 守时是一种文明,守时是一种美德,同时也是一种原则,遵循这条原则的人大多容易成功,而忽略这条原则的人大多容易失败。

家长抱怨孩子没有时间观念,不守时,而孩子自己呢,则抱怨时间不够用。其实,时间对每一个人都是均等的,不同的是,时间特别善待珍惜它的人。

以前,甜甜在小区里或在小朋友家玩,玩得尽兴,常常到时间该回家了,妈妈已经劝说了,甜甜还是拒绝合作,一拖再拖,弄得妈妈生气了,批评她或强制执行了,甜甜才哭哭啼啼地和妈妈一起回家。

一个月前的一天,妈妈被甜甜类似的顽固弄得想要爆炸,就在生气的气焰将燃未燃间,妈妈突然意识到了问题的原因:甜甜没有时间观念,得教她做一个遵守时间、说话算数的好孩子。

其实甜甜一向说话算数。一直以来,只要和妈妈拉过钩的事,无论多难都会遵从。所以,妈妈开始尝试每次当甜甜做什么事之前,和她商定好时间。比如,她想出去玩,妈妈会问她想要玩多久,指着表给她看,告诉她:现在长针(分针)在这个位置,是几点几分,再过半小时,针到了那个位置,甜甜就该回家了。然后妈妈和甜甜拉钩,在规定时间内任她尽情地玩,到时间了,妈妈提醒说:"甜甜,到时间了,看长针已经到这个位置了……"

妈妈刚开始实施这样的做法时甜甜还会耍赖，要求再玩一会儿，妈妈也不强硬，看看表很认真地告诉甜甜：如果现在要多玩几分钟，那么，等会儿吃水果或者睡午觉的时间就得压缩几分钟。

慢慢地，甜甜不再耍赖，开始配合妈妈，还会说："妈妈，我是遵守时间说话算数的好孩子！"

有些孩子做事磨磨蹭蹭，没有成年人"一寸光阴一寸金"的概念，没有时间管理意识。这就需要家长能够观察孩子，了解孩子，找到孩子没有时间观念的原因，想出切实可行的办法，帮助孩子建立良好的时间观念，养成遵守时间的好习惯，以便积极应对学习和生活上的挑战。

孩子的时间观念差也是有原因的

时间管理对于每个人来说都很重要，善于管理时间的人，总能高效率地完成任务。同样的道理，一个高效的人，也必定具备很强的时间观念和时间管理能力，善于安排自己的时间。因此，不管是对成年人还是对孩子，时间管理的重要性都不言而喻。但是，似乎孩子每天的时间都被安排好了，在校学习时间，已经被学校和老师安排好，有固定的上课下课、上学放学时间，还有必须要完成的作业；在家中，时间又都被爸爸妈妈计划好了，早上几点起床、几点吃早餐、几点出门上学，晚上放学回来几点吃饭、几点写作业、几点做附加作业、几点睡觉，一切都是家长说了算，孩子只要去完成就可以了。所以，孩子好像根本就找不出太多可以自由安排的时间。

学校有既定的教学计划，无法给孩子许多可自由支配的时间，这一点是可以理解的。但是回到家里，很多家长因为孩子的时间观念不够，为了防止孩子磨蹭，干脆就直接给孩子制订时间表，以为这样孩子就能把时间充分利用起来。其实，家长们的这种做法，更是助长了孩子拖拉、磨蹭的心理，反正有爸爸妈妈为自己的磨蹭埋单，孩子内心根本就不会有时间感和紧迫感，自然也就不会有时间观念。

方案 培养孩子的时间观念这样做

1. 从故事入手，引导孩子树立自觉的时间意识

有些孩子对儿童读物非常着迷，有时连吃饭、做作业都顾不上。针对这类孩子，家长可以找来相关名人守时的儿童读物，让孩子自己看，或者亲自给孩子讲一讲；也可以给孩子讲一些因为不遵守时间而造成重大损失的故事。通过生动的故事情节告诉孩子："这些有本领的人都是按时做事的人，你看书、吃饭、做作业、上学也能像他们一样守时吗？"让孩子从故事中受到教育，这是最重要的。

2. 结合生物钟特点，合理制定作息时间

每个人的生活都有各自不同的规律，家长可以和孩子商量着一起制定适合他"生物钟"的作息时间。比如早晨6点到8点，头脑清醒，体力充沛，是学习的黄金时间，可安排对功课的全面复习；上午9点到11点，下午3点到4点，这两段时间，记忆效果比较好，可安排记忆内容加以背诵；晚上6点到10点，不利于记忆，可安排完成复杂计算的作业。相信严格的生物钟不仅能让孩子将学习与活动安排得有条不紊，也会轻松很多。

3. 用奖励强化孩子养成良好的习惯

孩子的自我控制能力比较差，因此，如果用奖励强化的办法来监督，效果会好许多。例如，家长可以和孩子约定，如果他在规定时间内按要求完成作业，就奖励他看动画片。这样，孩子的时间观念已经深深地在他心中扎了根，恰当的奖励可以强化孩子良好习惯的养成。

4. 有恒心，才能成为守时的人

一些家长会发现，由于自己平时没有做到坚持不懈，所以，孩子也一直没有养成遵守时间、按时作息的习惯。如果家长能够持之以恒，坚持不懈，孩子也会发生很大变化。因此家长对孩子进行惜时和守时的教育，一定要持之以恒。

5. 签订"合同"，引导孩子自我教育

为了引导孩子养成遵守时间的好习惯，家长与孩子可以签订一份"合同"。合同由"自我训练项目"和"每日意志力训练表"两部分组成。家长的职责是监督，如果孩子自我训练项目做得比较好，就打一个钩，如果做得不好，就剥夺他的一些业余爱好。按照"合同"严格训练一段时间后，孩子遵守时间的习惯和意志力均能得到大幅度的提高。

第 4 章

打开专注力开关，提升孩子学习力

课后练习更重要，引导孩子专注练习

> 孩子在写作业时是否能够集中注意力，一心一意，直接影响着作业的效果和效率。

处在小学阶段的孩子自我意识还不成熟，在他们的意识里，还没有"责任感"这样的认识。

"孩子学习就像给我学似的。"一位小学生的妈妈说，只要她不坐在身边，孩子写作业就特别慢，时不时地搞些小动作。为此，每天晚饭后，她不得不和孩子一起坐到书桌前，监督孩子做作业，结果弄得自己和孩子都很疲劳。

"我的孩子9岁，上小学4年级，写作业总是拖拉，边写边玩，写一会儿玩一会儿，周末的作业总是拖到周日下午才写。"另一位家长也正为此苦恼。

很多家长都会遇到孩子不爱做作业的问题。围绕着做作业的问题，家长可谓伤透了脑筋，有诉不完的苦，说不尽的累。有的家长哄着孩子做作业，有的家长打着、骂着孩子做作业，结果却并没有什么用。事实上，孩子不能专心写作业有其内部原因，家长要仔细分析孩子的情况，找到原因，找出方法，帮助孩子将注意力集中在写作业上。

孩子不能专心写作业的原因

1. 受身心发展水平的限制

孩子身心发展还不成熟，反映到作业上表现为影响作业态度，不能专心写作业。具体表现为精力、体力不耐久，容易疲劳，因此作业量大时就支持不住，容易厌倦，不容易集中注意力。孩子神经系统的发育过程也还没有完成，大脑尚未完全成熟，因此感知事物比较笼统，不精确，兴趣广泛且不稳定，注意力易分散。

2. 喜新厌旧，缺乏一贯性

在新学期开始，换了一位新老师或换一本新练习本时，孩子都会有不同程度的新鲜感。作业比较认真，书写比较工整，错误也较少，但经过一段时间后，新鲜感消退，孩子的作业态度逐渐变为敷衍，不再专心写作业，书写逐渐变得潦草。

3. 目的不明，持任务观点

很多孩子对待作业的态度不正确，处于一种被动状态，把作业看成完成老师交代的任务，问孩子"你为什么要做作业"时，大多数孩子的回答是"老师叫我做的"。而且孩子对待作业的态度还以老师的要求为转移：要求严格的老师布置的作业，孩子不敢"怠慢"，要求不严格的老师布置的作业，就马虎从事；老师容易检查的书面作业，孩子认为非做不可，老师不好检查的非书面作业，如观察事物、参观访问、预习课文等，则认为可做可不做。

4. 畏难懒惰，不愿思考

有些孩子做作业怕动脑筋，怕难题，对一些综合型、应用型的作业，如作文、数学应用题等有畏惧情绪，看见就头痛。因此很容易产生拖延的心理，用各种小动作来缓解这种畏惧，无法专心作业。

5. 对不同学科的作业持不同态度

有些孩子只重视主科，例如语文、数学作业会认真完成，而音乐、体育、美术、历史、地理等所谓的副课就不那么上心了，总是能不做就不做。还有部分孩子把全部注意力都集中在感兴趣的学科作业上，做起来比较主动认真，而对不喜爱的学科作业则敷衍了事。

方案 提高孩子写作业的效率这样做

1. 给孩子制订作业计划

家长及时和老师进行沟通，对孩子的成长是非常有必要的。可以通过和老师沟通来了解孩子作业的数量多少、孩子完成作业的质量怎样、孩子在学校近来的表现如何。目的就是通过老师了解孩子在哪里需要帮助，然后根据孩子的情况，帮助他制订一个行得通的作业完成计划。

2. 和孩子一起分析时间利用的情况

找一个适当的时间和孩子一起分析一下他的时间利用情况。家长可以向孩子要一张学校的作息时间表和课程表，耐心而细致地帮助孩子分析：哪些作业能够在学校里利用自习或其他时间完成，而哪些作业又必须要带回家里做。帮助孩子培养一回家就先写作业的习惯。

3. 确定一个固定的写作业时间

给孩子确定完成作业的一个比较固定的时间，并且在这个时间段里，家长尽量不要打扰孩子。

有的家长忙着做饭，发现调料不够了，就叫正在做作业的孩子去买。这样做很不好，因为这种行为会打断孩子的思路，孩子买回来后可能要经过好一阵子才能从刚才的活动中把注意力重新集中到作业本上来。而且，这样的行为会给孩子一个信号：做作业的时间也是可以用来做其他事情的。家长让孩子帮忙做家务，应该在孩子写作业的时间以外。

有的家长爱子心切，孩子写作业时一会儿端杯果汁，一会儿送个面包，这种做法也不可取。这是对孩子的一种干扰，打断了孩子写作业的连续性。想给孩子吃东西，最好等孩子写完作业再给他。

总之，家长一定要给孩子特别明确的信号：做作业的时间就是用来完成作业的，不能用于做其他事情，这个纪律大家都要遵守。孩子会从家长的做法里明白观点，对写作业的时间予以重视，对完成作业这件事情予以重视。

4. 给孩子指导作业要适度

有时孩子基础不够好，做作业时确实需要家长的指导，但是，在指导孩子做作业时，有几点需要家长注意：第一，忌"陪读"，有些家长为了不让孩子三心二意，即使孩子不需要指导，也坐在旁边监视，这样做可以理解，但这种"陪读"会使孩子紧张，不利于学习；第二，忌"指指点点"，有些家长在孩子做作业的过程中，一旦发现孩子作业有误，马上就指出来，这样做会阻碍孩子独立思维能力的发展，而且不时打断孩子做作业，也会让孩子无法从头到尾集中精力；第三，忌"代劳"，有些低年级孩子的家长怕孩子做不好作业，常常代替孩子完成作业，小学生的作业往往是一些打根基的内容，家长的"代劳"会削弱这种根基。

家长应该和孩子坐下来一起讨论他的作业问题。询问孩子是否需要帮助，遇到难题时家长也不要急着给答案，要先给予提示，让孩子思考如何做，当孩子弄懂后，再出些类似的题目让其巩固。做完作业后，鼓励孩子自己检查作业，查出错误之后，让孩子说出错在哪里，为什么会出错，培养孩子独立做作业、检查作业的能力。而且随着孩子年级的升高，家长陪在孩子身边做作业的时间要缩短，要培养孩子不管家长有没有在身边，都能够自我约束的习惯。

5. 让孩子学会独立解决问题

家长要告诉孩子他自己有能力处理作业中的问题，如果实在不能处理,在学校可以问老师,老师会给他帮助。如果回家后发现有问题,除了问家长,也可以向别的同学虚心求教。家长不要对孩子随叫随应,成为孩子写作业时依赖的对象,这样只会使孩子更不愿动脑筋。

6. 让孩子和同学一起完成作业

如果条件允许,可以让孩子和住在附近的、学习习惯良好的同学一起完成作业。从同龄人身上,孩子会自然而然地找到自己与其他人的差距。家长在一旁唠唠叨叨地说哪个同学这好那好,都不如孩子亲眼目睹来得有效。

让阅读成为孩子成长的一部分

> 让孩子的生活离不开书,而阅读在提高孩子注意力上有很大的作用。所以,如何让孩子喜欢阅读、热爱阅读,让阅读成为孩子生活的一部分,是每一位家长都应该放在首位的任务。

书,是前人智慧、经验的结晶,高尔基说:"书籍是人类进步的阶梯"。读书,就是让孩子在有限的时间内汲取人类数千年成就,使孩子有可能"站在巨人的肩上",成为令人瞩目的成功者。

身为家长,想要培养孩子,提高孩子的注意力和自身修养,教孩子学会阅读必不可少。从表面上看,阅读就是用眼睛看。实际上,阅读是一个处理信息的复杂心理过程,有效的阅读要求不仅要用眼睛看,还要用心"看"、用嘴"看"。也就是说阅读要做到"三到",以孩子的"口到"带"眼到""心到"。因此阅读是一项需要集中注意力的活动,在训练阅读能力的同时也是对注意力的训练,阅读能力的提高就是注意力的提高。

著名教育家苏霍姆林斯基说:"学生注意力的发展,取决于良好的阅读能力。阅读的技能就是掌握知识的技能,而注意力是否集中,是决定孩子阅读技能的决定性因素。"他反复向老师和家长们叮咛:"请记住,儿童的学习越困难,他在学习中遇到的似乎无法克服的障碍越多,他就越需要多阅读。"课堂教学的作用是有限的,它只能教给孩子基本的学习方法,而最重要的、能够影响孩子一生学习成就的则依赖大量的课外阅读。所以，苏霍姆林斯基强调："阅读的作用怎么说都不为过！"

孩子为什么不喜欢阅读

虽然阅读的作用已被众多有识之士所认可，然而，很多孩子还是偏离在阅读的轨道之外，家长也抱怨孩子不喜欢读书。造成这种情况的原因可能如下：

1. 费力费神

阅读是件费眼、费脑、费神的事，而看电视、玩电脑对孩子来说是乐此不疲的。

2. 没有多余的精力

现在孩子课业负担繁重，没有时间，也没有精力来读更多的课外书。

3. 阅读习惯改变

现代人的生活节奏加快，孩子习惯了在电脑上快速浏览，快速下载，就不习惯找书或翻书阅读了。

4. 孩子的知识素养不足

经典图书的行文、语言、风格、社会背景、历史风貌与孩子的认识水平是有一定的距离，孩子静不下心来，因为不具备一定的知识素养所以读不懂、看不了那些经典书籍，只会觉得刻板、枯燥。

以上种种原因，造成了孩子与阅读渐行渐远。如何让孩子从现代的电视、电脑、网络中走出来，进入图书的世界中，这是每个家长都要重视的问题。孩子只有在阅读时，才会边阅读边思考，注意力相比在看电视、上网时更加集中。而注意力的集中与否，是孩子提高学习能力和生活能力以及独立能力的基础。

方案　培养孩子阅读的好习惯这样做

1. 为孩子创造一个良好的阅读环境

环境的熏陶对孩子阅读兴趣的培养非常重要,培养孩子的阅读习惯,首先应该给孩子营造出健康、干净、温暖、快乐的阅读环境和阅读氛围。所以,家长要努力创造良好的家庭文化环境,为孩子健康成长提供基本的保证。

(1) 营造浓厚的文化氛围,让孩子早接触书。家长可以随时随地教孩子认读文字。比如平时可以将食品包装上的文字指给孩子看,然后大声念给孩子听,让孩子逐渐了解到这些文字符号是有一定意义的。也可将报纸上的大标题念给孩子听,或者上街时,将广告牌上的内容指给孩子看,这些都是让孩子及早熟悉文字的好方法。

家长可以在家里为孩子专设一处学习的小天地,比如书房、孩子自己的房间,或者是在家里选择一处光线最好、最僻静的地方作为专供孩子学习的固定位置。在那里摆设书桌和高矮适当的凳子,最好再配备一个小书架。孩子就是这一块领地的小主人,他可以有条理地安排自己的书籍、学习用具和心爱之物。

有了场所,家长就要发挥表率作用,每天尽量安排一段时间读书学习,使孩子感觉到读书学习就像吃饭、睡觉一样是生活中必然的程序,而不是家长、老师强加其身上的额外负担。日积月累之下,孩子不仅知识面宽了,而且学习的时候也不心浮气躁了。

(2) 营造安静的阅读环境,让孩子专心读书。家长要为孩子创造安静的、无噪音的阅读环境。要让孩子安心阅读,家长首先自己要安下心来。家长必须明白,良好的学习是以一个安静、无噪音、不受干扰的学习环境为条件的。因此,为了孩子的学习,家长应该节制自己,想方设法给孩子创造一个相对安静的环境：在孩子学习时不要打扑克、打麻将；不要大声放电视、收音机、录音机；不要干扰孩子；不要在孩子面前与客人谈天论地，更不能话匣子一打开就没完没了，全然忘了孩子在学习。

（3）亲子共读，培养孩子阅读能力。明智的父母在给孩子吃饱穿暖之后，最重要的事情就是陪同孩子阅读。当孩子看完一篇东西时，家长在一旁要注意适时鼓励、表扬和引导，让孩子叙述出来，让孩子感到兴奋和自豪，由此产生想要阅读更多书的愿望。在叙述过程中，当孩子讲错了或讲得不够好时，不必像老师对待学生似的认真纠正。有些孩子不爱阅读是由于家长不尊重他的智慧和自尊心，一味地指点纠正，这会使他感到厌烦。

2. 为孩子选择优秀的书

优秀的书，就是那些经得起时间考验的开发智力、启迪人心的优质图书。"读一本好书，就是和许多高尚的人谈话"，孩子正处在最美好的童年，童年的天空应该飘着的是活泼、充满幻想、幼稚、淘气的云彩，应该是富有童心和诗性的。所以，孩子起步阅读的读物应该是童书，也就是那些专门写给孩子看的书，如安徒生奖、卡耐基文学奖、克里斯多奖等国际一流儿童文学奖项的书，无论是知识性、趣味性都堪称一流，是孩子能读一辈子、受益一辈子的书。

孩子很喜欢新奇且富有想象的事情，因此，引导孩子创造性地阅读无疑是有效和受欢迎的阅读训练。所谓创造性阅读，就是不停留于书本、文章本身的信息，积极调动已有的相关知识经验，多问几个"为什么"，多多设想"怎么样"。在深入理解的基础上，展开想象的翅膀，多角度进行联想，或者对原文大胆质疑、尝试改动，使孩子不仅是接受信息的读者，也是补充信息的创造者。

3. 鼓励孩子多读书，广读书

（1）培养孩子对"广义阅读"的兴趣。早在孩子开始认字之前，每每见到动画片海报，浅显的路标、布告、门牌等，家长便应停下来跟孩子一起阅读。阅读不应限于读"书",凡是幼年时期对广义的阅读感兴趣的孩子,长大了自然也会爱读书。为了培养孩子的读书兴趣,家长可以和孩子在玩耍、散步或锻炼时一起编故事,回家后让孩子再做好记录和整理。

(2) 鼓励孩子广泛读书。鼓励孩子从小读书"杂"些,不但要引导孩子读故事性强的童话和小说,也要引导孩子读历史、地理、天文、社会以及与自然科学相关的书籍。事实上,一个人小时候书读得越杂,日后的知识面往往越广。

为了增加孩子的读书量,扩大孩子的知识面,家长应允许孩子借阅他人的图书,同时还应强调要好好爱护别人的书籍并尽快归还。家长不必要求孩子每本书都精读,应该允许孩子对某些图书仅作快速、粗略的"浏览"。

(3) 不要轻易对孩子"禁书"。要是孩子偶尔接触到一本"坏书",家长也不必大惊小怪,问清原由并指明"坏"在什么地方即可,当然更不应为此而打骂孩子。不要轻易对孩子"禁书"的原因很简单:相对于"好书"而言,真正意义上的"坏书"少之又少。

4. 养成孩子坚持阅读的习惯

读书是一辈子的事,要日不间断,长期坚持。中小学时期是孩子阅读的黄金时期,孩子在这个时期,有时间、有精力、有兴致进行大量的阅读。过了这一时期,再想安心阅读、大规模阅读,也已经没有那样的条件和心境了。作为家长要有足够的耐心和恒心,陪着孩子、帮助孩子养成读书的习惯,耐心地等待孩子的变化。

好习惯的养成不是一朝一夕的事,培养孩子读书习惯的养成是天长日久、不断重复的结果。让孩子体会到读书不仅是一种学习的手段,而且也是一种消遣的手段,待孩子真正对书籍如对玩具一样感到兴趣盎然时,孩子便开始乐于与书为伴了。

5. 别把阅读当作一种任务

小敏今年上幼儿园大班,为了培养孩子阅读的习惯,妈妈每晚都会让小敏看书，而且规定必须每天看满10分钟。结果小敏双手捧着书，眼睛却盯在自己还不认识时间的闹钟上，隔一会儿就问："妈妈，10分钟有多久，时间到了没有？"结果，每次看书都不了了之。为此，小敏妈妈非常苦恼。

妈妈是为了让小敏从小养成爱读书的好习惯，才规定小敏每天都要看书。可是她这种10分钟的硬性规定，无疑就是在暗示孩子读书是一种任务，必须完成，为了完成而完成。才上幼儿园大班的小敏还没有领略到读书的乐趣，没有形成阅读的习惯，对阅读自然也就不感兴趣。不感兴趣的事，却又要完成，这就成了一种任务，一种负担。久而久之，孩子不但不会爱上读书，反而会更加畏惧读书。因此，家长不能只是为了让孩子阅读而阅读，要让孩子喜欢上阅读，主动阅读，只有这样，孩子才会在阅读时更加专注，更加集中精神，也才会从阅读中体会到乐趣，学到知识。

鼓励孩子大声朗读，更能提升专注力

> 大声朗读的过程其实就是一个训练注意力的过程，朗读时，要求孩子注意力高度集中，眼、口、耳、脑等多种器官同时活动，看、听、说三者协调配合，是一个复杂的感知过程。这对于注意力不集中的孩子来说，是一件不简单的事情。

朗读就是要把书面语言清晰、响亮、富有感情地读出来。根据调查研究显示，注意力不集中的孩子，尤其是成绩比较差的孩子，其突出表现是不喜欢或不会大声朗读课文，并将负面影响延伸到背诵和默写。若被要求朗诵，则口齿含糊、断句不准、声音干涩、面部表情不自然。

其实，朗读相当于大脑的"热身操"，可使大脑皮层的抑制和兴奋过程达到相对平衡，血流量及神经功能的调节处于良好状态，在大声朗读时，70%以上的神经细胞参与大脑活动，超过默读和识字。孩子在朗读的过程中，要尽量不读错、不读丢、不读断，他的注意力就必须高度集中。如果家长能够让孩子长期坚持并反复练习朗读，便能明显提高孩子的注意力，促使孩子进入兴奋的学习状态，提高学习、写作业的效率。所以，培养孩子高品质的注意力，可以从培养孩子大声朗读入手。家长可以根据孩子的年龄，选择适合孩子阅读的优美文章，每天安排一段时间，如20分钟左右，让孩子为家人朗读这些文章。文章可由家长也可由孩子自己选择，均选择孩子感兴趣、内容丰富、文字生动的文章。

另外，家长参与到孩子的朗读活动中时，应该保持欣赏的态度而不是监督者的身份，这样孩子才能放松身心，从家长那里获得支持，增强自信，从中体验到阅读的快乐，积极主动地参与进来，发挥最好的水平。否则，孩子会处于消极被动的状态，认为这是一项枯燥的任务，有的孩子会过分紧张，有的孩子会敷衍了事、三心二意，都达不到良好的训练效果。

方案　让孩子爱上朗读这样做

1. 扮演角色让孩子爱上朗读

家长可以根据孩子朗读的书或课文的性质，通过扮演不同的角色让孩子爱上朗读。比如，孩子要朗读一篇故事性较强的课文，在孩子了解故事、读通句子之后，让孩子变身"故事大王"，在朗读中把故事生动形象的用动作再现给家长；如果是朗读诗歌，可以让孩子扮演一个"小诗人"，用诗人那种独有的风度朗读；如果是朗读写景的课文，可以让孩子扮演"小导游"，用导游的口吻给家长介绍景色怎么样。

2. 借助多媒体让孩子爱上朗读

多媒体直观生动的画面、悠扬舒缓的音乐，能唤起孩子无穷的朗读乐趣。家长可以利用配乐朗读、给动态画面配音、点评他人朗读效果等方式让孩子爱上朗读。配乐朗读最简单，是指在孩子朗读时给他配上背景音乐，背景音乐要契合朗读内容，比如朗读诗歌时配上轻柔的背景音乐，朗读名人传记时配上激昂的背景音乐。此外，给动态画面配音也是当下比较流行，也比较有趣的朗读方式，给孩子播放朗读课文的动画片段，让孩子对照课文给画面配音，尝试一下做配音演员的乐趣。还可以经常让孩子听一些他人朗读的课文，并让他作出评价，可以很好地培养孩子对朗读的敏感性，让孩子觉得朗读非常有意思。

3. 竞技比赛让孩子爱上朗读

孩子是最富挑战、最不肯服输的，对比赛有一种特殊的兴趣。家长可以让孩子和别的小朋友一起比赛朗读，比比看谁读得好、读得流畅、有感情、不出错字等，并对优胜的一方提出表扬或给予奖赏。孩子也可以自己和自己比赛，比如，这一次朗读读错了5个字，那么下一次朗读就要和这次朗读成绩作比较，如果下次朗读读错的字减少了就表示赢了。

4. 通过表演让孩子爱上朗读

孩子是天生的表演家，特别是年龄还比较小的孩子，对表演情有独钟。家长可充分挖掘孩子的表演天赋，让孩子边表演边朗读。这样不仅能够调动孩子的朗读兴趣，而且还能培养孩子的创新意识。这种表演的方式，在朗读童话故事时最适用，而且家长也可以参与到孩子的表演中去，表演不同的角色。

陪孩子一起运动,共同增加专注力

有研究表明,适当的运动可以帮助孩子在上课时注意力更集中,集中时间更长。而且特定的运动项目有助于培养孩子的协调能力,从而让孩子写作业和做事的时候更灵活、更专心、更高效。

写作业时老是动来动去,不能专心致志;听课时小动作不断,集中不了注意力……这可能是很多孩子的"通病",不少家长对此束手无策。

美国伊利诺伊大学的科研人员在研究中发现,每当参加完体育活动后,孩子们学习时的注意力会更加集中,学习成绩也会更好。这些体育活动包括体育课、课间活动及放学后的体育运动等。

而且,通过各项运动,比如走直线、踢球、跑步等,还可以改善孩子的动作协调性和平衡能力,从而提高孩子的注意力。

孩子的运动能力分为大运动能力和精细运动能力。在大运动中,孩子的各部肌肉、神经和感官都要相互配合,才能完成想要完成的动作,也就是协调能力和平衡能力要好。如孩子跳绳时,眼要看,手要摇绳,脚要在准确的时间起跳,这些配合都要经过大脑的指挥才行。而在精细动作中,比如折纸时,孩子的眼睛和手都要配合起来,才能折好纸,这就叫"感觉统合"。感统失调往往会造成孩子的动作笨拙、注意力不集中,而解决感统失调的最有效的办法就是多运动。所以,家长要想提高孩子的注意力,增强其运动能力不可少。

方案 让孩子在运动中提升注意力这样做

1. 和孩子一起参加体育锻炼

首先,家长在日常生活中,要多建议孩子参加体育锻炼,给孩子灌输运动的好处。如果孩子在运动中表现较差,有所退缩,家长还要多鼓励,让孩子增强信心。同时,尽可能多地给孩子安排运动的机会,保证充足的锻炼时间。另外,家长的支持和陪伴是孩子进行体育锻炼的最大动力。家长想提高孩子的运动积极性,可以身体力行,陪孩子跑跑步、做做操,周末进行一场家庭羽毛球赛,在运动的过程中培养孩子的兴趣。如果平时孩子的功课忙,家长可以利用假日进行爬山、远足等活动,全家人在缓解压力、舒缓视疲劳、放松心情的同时,达到很好地提升注意力的效果,因为孩子往往会在轻松的、感兴趣的活动中集中注意力。

家长也可以和孩子进行一些室内游戏,比如玩"开飞机"。家长先让孩子模拟一架小飞机,两臂侧平举当作飞机的翅膀,然后开始小跑,时而直身跑,时而弯腰像飞机一样下降俯冲。跑的速度因年龄而异,不要太快,以免摔倒。家长在孩子跑的过程中不断地给孩子指令,比如"飞机升空""飞机下降""飞机左侧转弯"等,既锻炼了孩子的身体平衡能力和协调性,又提高了孩子的注意力。

2. 多带孩子走进大自然

美国的一项研究表明,每天在绿树成荫的公园里散步20分钟,可以帮助孩子集中注意力。

当孩子融入自然时,他身体所有的感官都会被激活,大脑会变得更有活力,孩子会更专注、更集中注意力地将某一件事情做得更好。具体说来,家长可以通过以下几种方法带孩子走进大自然:

(1) 清晨多带孩子到户外做运动。经过一晚上的睡眠，孩子的大脑已经得到了充分的休息，这个时候，如果家长能带着他到户外做做运动，不但可以帮助孩子唤醒大脑，使之尽快进入学习状态，还可以提高孩子的身体素质，有益于身体健康。而且，"一天之计在于晨"，早晨是一天当中最美好的时光，如果孩子将它浪费在了被窝里，将是一种无法弥补的遗憾。

(2) 周末带着孩子到郊外游山玩水。郊外的田野、草地、树林和山水，都可以放松孩子的身心，使他真正高兴、活泼起来。孩子的心情变好了，又呼吸到了没有污染的新鲜空气，他的头脑自然就会变得灵活起来，注意力当然也会提高。所以，家长不妨利用周末的时间，带着孩子去郊外野炊、采摘、挖野菜、放生……这些活动不但有利于孩子的身心健康，更有利于提高他的注意力。

(3) 节假日带孩子畅游名山大川，饱览美景。假期，家长可以带着孩子到有美丽自然风光的地方旅游，让他有机会领略名山大川的风采，有机会饱览各地的自然美景，从而真切地感受到大自然的迷人魅力。在美景中，孩子的注意力会被吸引，思维会变得更加清晰，就连感受能力也会得到增强，在大自然这位高明的"老师"和"培训者"面前，孩子会心甘情愿地"俯首称臣"。

(4) 引导孩子多亲近大自然中的动植物。当孩子对大自然中的动植物有了好奇心时，孩子就会将注意力集中在动植物身上，观察它们的变化，注意它们的动态，而孩子的这些自觉行为，将是对他的注意力最好的训练。所以，家长平时可以引导孩子多去亲近大自然中的动植物，以引起他的好奇心和求知欲，从而达到提高注意力的目的。

(5) 教孩子爱护大自然。美丽的自然需要人类的呵护，家长在引导孩子去感受大自然无限美好的同时，也有责任教导他去爱护大自然。当然，爱惜和维护大自然的过程，对孩子来说也是很好的锻炼过程，同样有助于提高他的注意力。比如，当家长带着他为倾倒的花木支起架子时，当家长带着他救护小动物时，当家长带着他栽花种树时……他都会变得十分认真与专注，而这也正是对孩子的注意力最有意义的锻炼。

3. 不要干预孩子的运动兴趣

孩子的好奇心很强，常常会心血来潮，突然对某项运动产生极其浓厚的兴趣。这时，家长不要打击他的信心，而是鼓励他去尝试，如果孩子喜欢这项运动，就应让其坚持下去。如果家长不考虑孩子的兴趣和特点，功利地觉得某项运动能起到较好的锻炼效果，就强迫孩子去参加，反而容易引起其厌恶情绪，孩子运动时的注意力也会变得分散、无法集中。

东东是三代单传。从他一出生，全家人就当宝贝供着，走到哪儿都有大人跟着。三四岁的孩子正是淘气、爱活动的时候，可爷爷奶奶、爸爸妈妈总是寸步不离地看着他：跑跳容易出汗，别累着；踢球容易伤胳膊伤腿，别出意外；滑梯、攀登架容易摔着，太危险不能玩。东东只能在家人的羽翼下，做点轻微的活动。

慢慢地，东东越来越不爱运动，每天都窝在家里，除了看电视就是看卡通书，很少出去跟小朋友们一起玩。而且由于大人们总是对他照顾的无微不至，四岁的东东甚至不会自己穿衣服。

像东东家长这样"无微不至"，对东东来说并不是一件好事，事无巨细地包办，会让孩子慢慢地对大人产生依赖感，形成衣来伸手饭来张口的不良习惯。而且，东东家长干预孩子的运动兴趣，直接导致孩子身体不健康不说，还让孩子对新鲜事物失去了兴趣，做任何事情都提不起精神，严重的还会导致孩子注意力分散，无法集中。

4. 培养孩子长期锻炼的习惯

孩子做事往往缺乏自觉性和毅力，对体育锻炼的兴趣也容易转移，而体育锻炼是一场"持久战"，如果家长放松对孩子的监督提醒，孩子就可能出现"三天打鱼两天晒网"的偷懒情况，影响体育锻炼的效果。每天能让孩子运动1小时固然最好，但如果孩子的课业负担比较重，家长可以和孩子制订一个运动计划表，平时适当减少运动的次数，周末延长一点运动时间。定期定时完成锻炼，可以帮助孩子养成坚持运动的好习惯。

通过听力锻炼，他会更加集中注意力

听觉也是一种能力，不能仅停留在"听见"层面上，重要的是"听进去""听懂"。"听而不闻"是一种不完整的听觉，孩子只有有了正常的听觉能力，才能听懂这个世界上最美丽的声音，才能与他人沟通，集中注意力。

有些孩子在课堂上安安静静，不调皮捣乱，也没有什么小动作，看起来似乎注意力很集中，在认真听讲。其实他的心完全不在课堂上，神游四海，没有把话听进去。

"我今天又被老师批评了。"小斌一脸沮丧地回到家向妈妈抱怨。

"老师为什么批评你呢？"

"今天老师提了一个问题让我回答，我没有回答上来，老师就说我开小差，问我在想什么，可是我什么也没想啊，但老师讲的话就是没听清。"

老师也经常向小斌妈妈反映小斌平时在课上不认真听讲，妈妈回来后，便责问小斌："为什么上课不认真听讲？"

小斌也很苦恼："我也想专心听课，可是总是控制不了自己，常常听着听着就不由自主地想些乱七八糟的事情去了。"

看小斌一脸真诚，妈妈知道他没有说谎。小斌平时在家也常常出现这样的问题，作业做到一半，就看见他托着腮帮子在那发愣，开始妈妈还觉得是作业太难，小斌在冥思苦想，可是过了很久小斌的作业还没有做完，妈妈有些疑惑了。经过长时间偷偷观察，发现小斌并不是在思考，只是在发呆。对他说什么事都得重复好几遍，刚跟他交代的事情，他转眼就忘得一干二净，完全是"左耳朵进，右耳朵出"。

很多孩子都有和小斌一样"听而不闻"的情况，听课走神，不理解老师说的话，前一天学的东西第二天就忘了，别人刚说的话他转眼就忘。对于这种情况，很多家长、老师都认为是孩子的态度有问题，没有认真记。这实在是冤枉了孩子，他们并不是不尊重家长、老师，不认真听家长、老师的话，也不是故意要去忘记成人的叮嘱，而是他们存在的听觉问题导致了他们无法听明白、听清楚或者记住成人的话。

这类孩子多是听觉统合能力不足，他们的听力没有问题，但是听觉器官把信息传入大脑，大脑再存储信息、指挥躯体行动的过程中出现了某些障碍，使孩子在听觉理解、听觉记忆、听觉行动方面出现了不协调，影响了学习效果。

方案　锻炼孩子的听觉能力这样做

1. 锻炼孩子的听觉注意能力

听觉注意能力，其实是指认真倾听的能力。家长可以通过一些练习来让孩子注意听，仔细听。

（1）"漏数"游戏。家长以1秒说1个数字的速度，从1数到30，中间随意漏数10个数字，孩子每听到一个漏数的数，就拍手一次。如果孩子能听出8个漏数，说明孩子的听觉注意能力较强；如果孩子能听出6个，说明孩子的听觉注意能力一般；如果孩子听出6个以下，说明孩子的听觉注意能力较差。

（2）数字传真。家长读出一串数字，孩子在纸上认真记录听到的数字。比如，家长读："8378893"，孩子就马上在纸上记录下8378893。下面是几组参考数字。

825828　　858429　　685701　　317119　　25809

8251158　　8192389　　8693858　　6330391　　58413

（3）听字训练。下面有一段短文，家长读，孩子认真听。给孩子纸笔，让孩子记录一共听到了多少个"一"字。

有一只小鸟，它的家就搭在高高的树枝上，它的羽毛还没有丰满，不能飞起来，每天在家里不停地叫着，和两只鸟前辈说着话儿，它们都觉得十分快乐。一天早晨，它醒了。那两只鸟前辈都去找食物了。它们又看见一棵树上的一片好大的树叶，树叶上又站着一只小鸟，正在吃害虫，害虫吃了很多树叶，让大树不能长大，大树是我们的好朋友，每一棵树都产生氧气，让我们每一个人呼吸。这时鸟前辈马上飞过去，与小鸟一起吃害虫，吃得饱饱的，并为民除害。

2. 锻炼孩子的听觉记忆能力

听觉记忆能力，指对听到的信息的记忆能力。家长可以选择一些不同难度的数字或者语句，让孩子听并复述来提高其听觉记忆能力。

（1）及时复述。家长说一个词、几个词或一个句子，孩子认真听，听完后立即复述。句子由短到长、由简单到复杂，循序渐进地增加难度，从简单的大白话到一些比较拗口的绕口令，比如：

一位爷爷他姓顾，上街打醋又买布。

买了布，打了醋，回头看见鹰抓兔。

放下布，搁下醋，上前去追鹰和兔。

飞了鹰，跑了兔，打翻醋，醋湿布。

（2）延时复述。家长告诉孩子一句简单的话，如"明天上午奶奶要来我们家。"隔1分钟后问孩子"妈妈刚才告诉你什么？"当孩子熟悉这项活动后可以适当延长回忆的时间，如5分钟、10分钟、半小时、半天、一天……再让孩子复述妈妈一开始所说的话。当孩子能将简单话语记住后，可以适当增加句子的长度和内容的复杂性。

（3）倒顺背数字。家长随机地选一些数字读出来，孩子认真听，读完之后让孩子把刚才读的数字倒背出来，比如，家长说"8537"，孩子要背出"7358"。

3. 锻炼孩子的听觉理解能力

听觉的理解能力，是指辨识声音以及说话内容的能力。需要家长多与孩子交谈、多让孩子接触各种声音、多充实与孩子生活相关的词汇来增强孩子听觉的理解力。

（1）打电话。家长不妨和孩子在家里玩"打电话"的游戏，放慢语速告知孩子："喂，你好，我是你妈妈的同事刘阿姨，请你转告妈妈，让她明天上午8点在单位门口等王处长和我，我们一起去开会。"让孩子回忆刚才"电话"里的相关重要信息：谁、找谁、什么时候、在哪儿、和谁、干吗等。

（2）词语思维。下面是一些词语，家长以适当的速度读词语，孩子认真听，当听到地名就马上举起右手，当听到动物就马上举起左手。

飞机 北京 青蛙 美国 篮球 猴子 日本 书包 电冰箱 公鸡 葡萄 鸭子
广州 电话机 被子 兔子 深圳 手机 乌龟 羽毛球 东京 飞机 黑板擦

4. 锻炼孩子的听说结合能力

听与说密不可分，不会听讲的孩子，说话往往也语无伦次。听与说的结合涉及孩子对听到词汇的联想、推理、判断等能力，所以，听说结合能力也是听知觉的重要内容。家长可以通过训练孩子学说同义词、反义词，听音乐进行联想，将句子补充完整，听故事然后自编故事结局等形式来训练孩子这方面的能力。

（1）复述故事。家长每讲完一个故事后，要求孩子把故事的大概情节复述出来，说得不好也不要急，鼓励孩子慢慢表达出来，直到孩子完整复述故事内容，不能代替孩子表达。

（2）小小办事员。在日常生活中，难免要向邻家借一些东西或传达某种信息，一些简单的事情可让孩子来代替完成。孩子去之前，家长要告诉孩子怎么说，然后让孩子在家长面前先表演一遍，能表达清楚之后，再让孩子去，这样能增强其勇气。无论孩子完成任务成功与否，家长都应及时地表扬。这样孩子不但能更加自信，肯定自我，而且从心理上能诱发孩子主动开口说话的欲望。

教会孩子认真观察，从内而外提升专注力

> 观察力是什么呢？是指人通过眼、耳、鼻、舌、身感知客观事物的能力。观察，是人有目的、有计划的感知活动，不是盲目的、随意的。孩子学习知识的过程，从观察开始。

观察力是孩子智慧的门户，科学研究告诉我们，人的大脑所获得的信息，有80%~90%是通过眼睛和耳朵吸收进来的。任何一个人，如果没有较强的观察力，他的智力、注意力都很难达到高水平。家长可以观察孩子有没有出现以下这些情况：经常对眼前的事物"视而不见"；经常走在街上，却对交通信号灯的排列回想不起来；向别人介绍自己时却不知道说些什么；写作文时总觉得无话可说、无事可写，短短结束。

这都是因为没有养成观察事物的好习惯造成的。要改善孩子的注意力、记忆力，提高其学习成绩，不提高观察力是不行的。前苏联教育家赞可夫曾经明确指出，学生学习成绩落后的原因纵然是复杂的，但普遍的特点之一是观察力差。

注意力是有目的地将心理活动长时间地集中于某一事物或某些事物的能力，是对事物和现象的警觉、选择能力，即指向和集中能力。观察力是人在观察活动中表现出来的一种智力，观察活动本身就是一种有目的、有注意的活动，是一种有计划的意向活动。从这个意义上来说，观察力也就是注意力的聚合。所以观察力的练习有助于注意力的集中。

培养孩子观察力的原则

1. 观察前，让孩子明确观察的目的

孩子在观察时，有无明确的观察目的，得到的观察结果是不相同的。比如，带孩子去公园，漫无目的地东张西望，转半天，回到家里，也说不清看到的事物。如果去之前就要求孩子去观察公园里的小鸟，那么，孩子一定会仔细地说出小鸟的形状，羽毛的颜色，眼睛的大小，声音的高低等。这样孩子就能有的放矢地去观察，从中获得更多的观察收获。

2. 观察过程中，教孩子学会合理的观察顺序

在观察的过程中，告诉孩子如何看，先看什么，再看什么，指导孩子抓住事物的主要特征进行观察。比如带着孩子去动物园看大象时，家长可以边看边提出一系列问题让孩子回答，如大象的身体大不大？牙长在什么地方？鼻子有什么特点？鼻子是干什么的等。只有经过家长有意识的启发，孩子才能学会正确的观察方法。

3. 观察过后，要求孩子口述观察结果

一般来说，只是让孩子看一看，这样的效果不太大，孩子不会太用心仔细观察。如果家长在孩子观察过后询问孩子观察到了什么，要求孩子口述观察结果，会大大促进孩子观察的积极性，使孩子集中注意力，将观察过程变得更仔细、更认真。

方案 培养和提高孩子的观察能力这样做

1. 从兴趣着手，别轻易呵斥孩子的"幼稚"行为

有一天，姗姗妈妈在卫生间放了一盆水，准备给姗姗洗澡。当妈妈准备好换洗的衣服和洗漱用品时，却惊讶地发现，姗姗在洗澡盆里放了许多的玩具。如小汽车、小积木、小篮子、小塑料鸭子、小卡片等全部浮在水面上。而孩子正聚精会神地看这些玩具如何在水中"游泳"。妈妈本来要

训女儿，但是小家伙却高兴地告诉妈妈，自己发现小汽车是重的，会在水中沉下去，而塑料小鸭子是轻的，会漂浮在水面上……姗姗总结得头头是道，让妈妈感到惊喜。原来以前教过她的东西，现在得到了验证。于是，妈妈激动地对姗姗说："铁在水中长期泡下去会生锈，小卡片在水中时间长了，也会被泡坏。"这样一来，一些新的知识，又在不知不觉中传授给了孩子。

姗姗因为对小玩具感兴趣，喜欢观察小玩具在水里的一些细节表现，如果此时妈妈呵斥姗姗，让她住手，那么姗姗就失去了一次探索知识的大好机会，也打击了姗姗观察的积极性。所以，根据孩子的心理特点，家长要从孩子的兴趣着手，可以有目地选择一些孩子感兴趣、特征比较明显的事物，诱导她开始观察。处在黄金教育期的孩子，往往对万事万物都有很强的好奇心，对观察更是情有独钟，对孩子的一些"幼稚"行为，家长千万不要站在自己主观的角度，认为这些活动很无趣而制止孩子的观察和思考活动。

2. 教给孩子观察的方法

如何观察？观察什么？家长要身体力行地教给孩子观察的方法。譬如综合观察、动静观察、对比观察、顺序观察、重点观察等，在陪着孩子观察的过程中，把这些方法潜移默化地教给孩子。

（1）方位观察法。这是按一定顺序进行观察的一种方法。对于要观察的事物，可以从上到下，或从下到上，以及从左到右，从外到里地进行观察。

（2）主次观察法。这是分清主要的或主体的事物，以及次要的或陪衬的事物的一种方法。一般是从主到次、从大到小进行有次序的观察。告诉孩子凡是主要的观察得详细一点，凡是次要的稍微留意就可以。

（3）时序观察法。这是一种常用的方法，一般按时间先后次序对事物进行有目的的观察。例如：早晨、中午、傍晚。

（4）远近观察法。一般是先近后远，也可以由远及近地进行观察。

（5）周期观察法。这是一种常用于动植物的生长过程的观察方法。对于常见的一种动物或一种植物的生长，指导孩子进行周期性的观察。就一种植物来看，从它的发芽、长叶、开花、结果等过程，进行一系列的周期性的观察。

（6）动态观察法。这是专用于观察动态事物的方法，即观察时，不仅要注意它的形状、大小、位置，而且要注意它的变化与活动。

（7）多方观察法。也叫多角度的观察法。就是对要描写的对象从不同的角度进行观察，最后得出较完美的印象或较深刻的体会。例如古诗《题西林壁》中"横看成岭侧成峰，远近高低各不同"用的就是这种观察法。值得注意的是，观察应以一人、一事、一物、一景为主，一般是从整体到局部，抓顺序、抓特点、抓联系，纵横结合，让孩子在丰富的生活中充分观察、思考。

3. 鼓励孩子参加各种文艺活动

一些文艺活动，比如绘画、舞蹈、书法等，可以很好地锻炼孩子的观察能力。另外，家长可以教孩子使用数码相机来拍摄他眼中的世界，拍摄是一件需要留意各种外在条件的事情，光线的强弱、角度的变化等都会影响到拍摄效果。孩子在拍摄的过程中会有意无意地注意到这些微妙的细节变化，从而提高观察的能力。

小游戏也能改善孩子的专注力

注意力是打开孩子心灵的钥匙，有了它，孩子便能学到好多东西，可如果注意力不集中、思维涣散，很多有用的信息便无法进入孩子头脑中。

注意，是一个古老而又永恒的话题，是伴随着感知、记忆、思维、想象等心理过程的一种共同的心理特征。注意力是指人的心理活动指向和集中于某种事物的能力。注意力不集中，易分心，是很多孩子具有的特点。

最近开家长会，老师额外找小帅妈妈谈了谈小帅在学校的情况。老师说小帅最近上课听讲质量下降，上着课，窗外飞过一只鸟都能吸引他的注意力，不是走神就是发呆。课后作业效率也非常低，还经常出错。在小升初的关键时刻，出现这样的情况可愁坏了小帅妈妈。

注意力有四种品质，即注意的广度、注意的稳定性、注意的分配和注意的转移，这是衡量一个人注意力好坏的标志。家长可以针对孩子的这四种注意力品质，适当地用一些小游戏提高孩子的注意力。

方 案　　改善孩子注意力的小游戏

1. 注意力稳定性游戏训练

（1）数字划消游戏。方法：让孩子在一个安静没有干扰的环境中，进行划消游戏，限时 1 分钟，要求用笔将指定数字"2"（其他的指定数字也可以）划消，时间一到立刻让孩子停止，然后审查孩子正确、错误、遗漏的情况，并记录。如下例，将所有的数字"2"用"\"符号划掉。

5489624863127562384562686625892456925896

3442035663224499675623326562655236842665

2368422662369439686325692425922582569258

4962756295654826884652455249621587420452

5465325522566892486636235563362325892325

4259625642526234289875263524215326926587

9258985420695236565324822089695272256586

8542582549265852459258624289456258654265

提示：一开始数字划消的作业时间会较长，经过长期练习之后速度会有所提升，注意力也会有所提高。

（2）天女散花。方法：家长取一些大小适中的彩色圆球，圆球由红色、黄色、白色（或其他颜色）三种颜色组成，各占 1/3。将它们完全混合在一起，放在盆里。家长用两手迅速抓起两把，然后放手，让它们同时从手中滚落到地上，待全部落下后，让孩子迅速看一眼落下的物体，然后转过身去，将每种颜色的数目凭记忆而不是猜测写下来，家长检查是否正确。

提示：随着能力的提高，家长可以增加难度，如增加圆球的颜色种类、采用更小的圆球、加快放手速度等。这个游戏练习 10 天左右，孩子的注意力会有所提高。

（3）听口令行动。方法：家长和孩子一起玩球类或堆积木等游戏，家长要求孩子一令一动，比如，从筐中拣起球——双手抱在胸前——向那棵树跑去——绕一圈返回——拍10下——转一圈——向空中抛3次并接住——放回筐中。整个过程必须是连续的，这中间既不能延误，也不能中断。游戏每次进行15分钟。在这15分钟活动中，家长不要接受孩子提出的与游戏无关的其他要求，如喝水、上厕所、脱衣服等。

提示：孩子在执行口令的过程中如果遇到轻微难题，就会分心或终止该活动。因此，家长要注意鼓励和暗中帮助。一般注意力短暂的孩子都有迫不及待之举，因此，家长要故意让孩子等待几秒钟后再发口令。

2. 注意力分配游戏训练

（1）边走边看。方法：让孩子边走边看，比如穿过房间、教室、办公室，或者绕着房间走一圈，迅速留意尽可能多的物体。然后让孩子回想，把所看到的尽可能详细地说出来，最好写出来，然后对照补充。

提示：在日常生活中，告诉孩子，用心用眼睛去看。可以让孩子在眨眼的工夫，即0.1~0.4秒之间，去看眼前的物品，然后回想其种类和位置；看马路上疾驰的汽车牌号，然后回想其字母、号码等。所谓"心明眼亮"，这样不仅可以有效锻炼孩子的视觉灵敏度，锻炼视觉和大脑在瞬间强烈的注意力，还可以使孩子更加聪明。

（2）算数字小游戏。方法：家长随便写两个数字，例如3和8，一个在上面，一个在下面，用两种方法帮助孩子训练注意力分配。

第一种，把3和8加起来，两数之和（只保留个位数）写在上面数字的旁边，原来上面的数写在下面数字的旁边。如此不断进行。如：

3　3 1　3　1　4　31459437……
　⇨　 ⇨　　　 ⇨
8　831　8　3　1　4　831459437……

第二种，把3和8相减，两数之差（只保留个位数）写在下面数字的旁边，并把原来下面的数字写在上面数字的旁边，如此不断进行。如：

3　385　3853　38532110……
⇨　　⇨　　　⇨
8　8 5　8 5 3　8 5 3 2 1 1 0 1……

提示：可以给孩子发出指令："用第一种写法！"30 秒后再说："用第二种写法！"指令一发出，便在当前位置画一条线，迅速转换到另一种写法。刚开始练习的时候，可以每次只做 3 分钟左右，每周做 3 次，看加算量有无进步，错误是否减少。4 周后增加到 5 分钟，每周 4 次。

3. 注意力转移游戏训练

（1）计数干扰游戏。方法：家长发给孩子 50 颗左右的珠子，两个装珠子的小纸盒，一张记录纸。然后让孩子开始数珠子，把珠子从一个纸盒搬移到另一个纸盒。在孩子数珠子的过程中，家长向孩子间隔提问 3~5 次，并让孩子把答案写在纸上。然后接着继续数，不准回头重新数前面数过的。最后让孩子记录下珠子的数量，家长核对孩子问题的答案和数珠子的数量。

提示：家长问的问题可以如下：你学校的名字？你读几年级？你多大了？妈妈名字？2 + 3 = ? 3 + 5 = ? 4 + 3 = ? 你最爱吃什么？8 - 2 = ? 6 - 3 = ? 你同桌同学叫什么？写出"多少"两个字的拼音？写出"我们"两个字的拼音等。家长也可以自己编写一些。

（2）乒乓球干扰游戏。方法：让孩子把球放在乒乓球拍上，绕桌子行走一圈，要求乒乓球不能掉下来。家长在旁边"捣乱"，但不能碰到他的身体。一会拍手跺脚，一会大喊大叫，还一边说："掉了！掉了！"孩子会忍不住就笑，但为了不输给人，又不得不保持镇定和集中注意力，继续完成游戏。

提示：本来一个人要保持注意力高度集中就不容易，如果旁边再有人进行干扰，就会觉得更难以集中注意，比如孩子在做作业时，旁边正上演吸引人的电视节目，他就会分散注意力。然而正因为有干扰，有难度，才能在人为设置的更困难更复杂的情境中，训练注意力的高度集中。

4. 注意力广度游戏训练

(1) 舒尔特方格游戏。方法："舒尔特方格"由一个个 1cm×1cm 的方格组成一个大的正方形，方格数量有所不同，一般有 9 格、16 格、25 格之分。格子内任意排列连续的数字。练习时，让孩子用手指按数字顺序依次指出其位置，同时诵读出声，家长在一旁记录所用时间。数完 25 个数字所用时间越短，注意力水平越高。如下图所示：

11	18	24	12	5
23	4	8	22	16
17	6	13	3	9
10	15	25	7	1
21	2	19	14	20

提示：世界著名的"舒尔特方格"是提升注意力的有效方法，视野较宽、注意力参数较高的孩子，可以从 25 格开始练习。如果有兴趣继续提高练习的难度，还可以自己制作 36 格、49 格、64 格、81 格的表。表格里的数字可以自己编写，也可选用汉字，但一定要选择自己熟悉的文字。

(2) 玩扑克游戏。方法：取三张不同的牌（去掉花牌），随意排列于桌上，如从左到右依次是梅花 2、黑桃 3、方块 5。选取一张要孩子记住的牌，如梅花 2，让孩子盯住这张牌，然后家长把三张牌倒扣在桌子上，随意更换三张牌的位置。最后让孩子报出梅花 2 在哪里，如果他猜对了，就算胜出。家长和孩子可依次轮换做游戏。

提示：随着孩子能力的提高，家长可以增加难度，如增加牌的数量，变换牌的位置的次数和提高变换牌位置的速度，可有效锻炼孩子的注意力和快速反应能力。

第 5 章

掌握了课堂专注力就是掌握了学习力

重塑孩子学习观念，掌握课堂时间

> 一个优秀的毕业生在谈到他的学习经验时说："我认为听好课堂上 45 分钟是最重要的。"因此，让孩子牢牢抓住上课这一中心环节，是在学习上取得成功的关键。

好动是孩子的天性，对孩子来说，"上课认真听讲"是一件说起来容易做起来难的事，尤其是低年级的孩子，这个年龄段的孩子，注意力极易分散，很难踏踏实实的认真听课。

小鹏今年刚上一年级，虎头虎脑，憨厚可爱。一次放学，妈妈去接他。赶到学校时，离放学还有 20 分钟。闲来无事，就想上去看看他上课。在走廊，透过玻璃正好能看到他。这小子，坐得东倒西歪的，仰着头，一会又转两下，摸摸橡皮，抬头四处望望，又低头摆弄摆弄铅笔刀。放学后，妈妈找老师询问小鹏近来的学习情况，老师反映说："小鹏这孩子挺聪明的，活泼可爱，就是有时候在课堂上静不下心来，做些小动作。"

相信不少家长，都会听到老师"你家这个孩子聪明活泼，就是上课的时候不爱听讲"之类的话。然后，当天的知识点孩子就没有完全掌握。课堂知识没学好，课后做作业有困难，学习成绩总是不理想，造成恶性循环。

在孩子的学习活动中，占用时间最多的莫过于上课。上课是学习活动的主要形式，孩子的大部分时间大都是在课堂中度过的。课堂 45 分钟，虽然看似短暂，但如果用得好，却是一个非常出效率的地方。所以，上课就要有上课的样子，踏踏实实、认认真真听老师讲课。

课堂 45 分钟，孩子不能有的想法

1. 我会了，不用听了

这是一些自以为是，自认为很聪明的孩子会有的想法。这些孩子反应比较快，老师讲的知识能很快领悟，于是自认为懂了，便不再好好听讲，转而做别的事去了。结果课后做练习的时候却发现做不出来，考试也不会。其实，课堂听课仅仅掌握知识点是完全不够的，还得学会如何运用。认真听老师讲述解题思路和解题方法，做题的时候才能知道如何运用知识点来解题。

2. 反正听不懂，我还是不听了

许多孩子在听课过程中遇到障碍时，会有"反正听不懂，我不听了"的消极想法。这种想法很危险，一旦孩子产生没有必要再听的想法，就会真的放弃听课。一开始觉得听不懂，一节课不听也无所谓，但是每节课的知识点与后面的知识点都是相互关联的，落下了一个知识点，很可能牵一发而动全身，后面的知识点就很难理解，长此以往，欠下的知识"债"会越来越多，到时候想补，就要花费更多的时间和精力，造成不必要的浪费。

3. 我可以自学，不用听

一些孩子认为老师讲的内容自己用教辅书自学就能懂，所以上课不需要听课了，转而在听课时间做练习题。上课不好好听讲，却把期望寄托在课后自学、教辅书等上面，这显然是本末倒置、得不偿失的行为。家长要让孩子明白：自学获取的知识，肯定没有经验丰富的老师传授的知识全面，上课的时候就要忠实于课堂，习题集留到课后去做，这样才是高效率学习、提高成绩最快的方法；教科书上的知识代表着基础知识中的精华，教辅书中的内容都只是围绕着教材演变而来的，用教辅书来代替课堂听课实在是舍本求末。

方案　上课踏实听讲这样做

1. 不带闲杂物到学校

闲杂物是指玩具、零食等，不能让孩子把这些东西带到学校去。带着这些东西去上课，即便不在课堂上直接拿出来，也会心有所念，这样，上课时很容易分神。

2. 课前做好充分准备

上课前必须准备好本节课要用的所有学习用品，上课时课桌摆放整齐，桌面上不乱摆放与本节课无关的东西，创造良好的学习环境。

3. 安静等候上课

上课预备铃声响起时，迅速而安静地走进教室，端坐在课桌上，保持安静，等待老师到来。向老师鞠躬问好后，坐下要安静、端正。

4. 听讲姿势要端正

上课坐姿要端正，双脚自然放在课桌下面，不要伸出课桌外；双手自然放于双膝或课桌上，不伏在课桌上，不东倒西歪，不玩学习用具、转笔或其他东西，不托腮；双目注视老师或者黑板，不东张西望，不交头接耳。读书要双手捧书，写字手离笔尖一寸，胸离课桌一拳，眼离书本一尺距离。

这一点，家长在家里的时候，就要有意识地帮助孩子做到。比如吃饭的时候，家长要告诉孩子坐有坐相，要求孩子端正地坐好，不要让孩子有托下巴、跷二郎腿的习惯，不要像坐太师椅那样或者斜着身子。这些不端正的姿势或多或少都会懈怠孩子的思维，最后导致走神。

5. 笔要握在手中

"好记性不如烂笔头"，做笔记显得尤为重要，笔握在手里，可以随时做笔记。而且经过观察，发现很大一部分孩子手中不握着笔的时候非常容易走神。

6. 眼睛跟着老师走

想要在课堂上集中注意力，认真听讲，眼睛和大脑就要跟着老师行动，老师叫看书就看书，叫思考就思考。眼睛跟着老师走，就能感觉时刻在与老师交流，能很好地集中思维，也能提高听讲兴趣。不要和同学交头接耳，有问题自己先圈出来或者备注下。

7. 敢于举手回答问题

遇到问题要积极举手回答，并且敢于质疑问题。举手时右手自然举起，五指并拢，向上举直不离开桌面。回答问题时声音要响亮，态度要大方，语言表达力求完整流畅，口齿清楚。质疑时，学会用"为什么……""我有一个问题：……"等句式，态度诚恳，以示对老师和其他同学的尊重。

8. 认真听同学讲话

有同学发言时，要坐姿端正，专心致志地听。应学会边听边想，思考同学说的话的意思，记住同学讲话的要点。不打断同学的发言，等同学讲完后，再举手征求同意，然后发表自己的观点。

9. 课堂阅读要注意

阅读时，双手握书，使书与桌面成135度夹角。课堂阅读分朗读与默读。朗读时，要求读得正确流利、有感情，吐字清晰，声音响亮，不重复字句、不漏字、不添字、不错字，不唱读、不指读，学习按照要求停顿。默读时，要求保持安静，不出声、神情专注、态度认真、思维集中、边思考边批注。

掌握专注力的重点：抓住课堂前五分钟

> 课堂前5分钟就像一把钥匙一样，是必不可少的，也是至关重要的。抓住了上课最初的5分钟，就是抓住了本堂课的精华，就是抓住了注意力。

俗话说"良好的开始，就是成功的一半"，一堂课45分钟，也就是说有9个5分钟，抓住了课堂开始的5分钟，就等于抓住了注意力。一般来说，在上课最初的5分钟里，老师会用最简练的语言回顾上一节课讲的内容，把知识串联起来，并巧妙地引入本堂课要讲的主要内容。

有的孩子会认为："这些内容反正我上节课都听懂了，现在就没必要听了。""反正等一下老师会仔细讲，现在就不用那么认真了。"于是就做起了自己的事情，或者是开小差。千万不要抱有这样的想法，这样做将会影响接下来的听课质量。

任何一门课程，各项知识点看似毫无相干，内在却有着千丝万缕的联系，如果将它们脱离开来，很可能就会造成知识的断层。而且，对于孩子来说，每一堂课都是一个新的开始，其内容也各不相同，在课前可能从事各种各样的活动，其兴奋点也可能还沉浸在刚才的活动之中。老师会在课堂前的这5分钟，利用一些特别的方式对孩子进行心理调节，把孩子的注意力转到课堂上来，激发出强烈的学习欲望。所以，一定要让孩子重视课堂前5分钟的"热身运动"。

方案 配合老师课堂前5分钟这样做

课堂前5分钟，老师会用各种巧妙的开讲方式，使孩子产生浓厚的兴趣，并怀着一种期待、迫切的心情渴望新课的到来。而孩子要做的就是了解老师新课的导入方式，并且全身心地配合老师。这里以语文课为例来说明。

1."开门见山"导入

"开门见山"的导入方式是最简单、最常用的导入新课的方法。在课堂起始时，老师会在大约5分钟的时间里，利用和孩子自然谈话的方式直接点题，运用准确精练的语言，主动提出一堂课的教学内容，并向孩子提出学习要求，明确学习方法。孩子此时应该仔细倾听老师的谈话，将学习要求和学习方法铭记于心。

2."温故而知新"导入

所谓"温故而知新"的导入方式，即用旧知识引出新知识的导入方法。是指利用知识之间的联系，设计导语来导入新课，淡化孩子对新知识的陌生感，使孩子迅速将新知识纳入原有的知识结构中，有效降低孩子对新知识的认知难度。老师使用这种方式时，一般会向孩子提出关于上节课的问题，孩子要做的就是积极思考，主动回答问题，从而达到集中注意力跟上老师节奏的效果。

3."设疑"导入

"学起于思，思源于疑"，恰当的悬念是一种兴奋剂。设疑导入方式是指老师根据孩子好奇的心理特点故意设疑，布置"问题陷阱"，孩子在解答问题时不知不觉掉进"陷阱"，使解答自相矛盾，激发孩子的兴趣，引发孩子追根溯源的心理，进而引出新课主题的方法。在激起孩子对知识的强烈兴趣后，老师点题导入新课。此时孩子要做的就是将自己全身心融入到老师所设的悬疑情境中去。

4. "围课题"导入

"围课题"导入方式是指利用课文题目中的关键词语或根据课文题目提出来一系列问题来导入新课的方法。课堂起始时，老师先板书课题或标题，然后从探讨题意入手，引导孩子分析课题，从而引入新课。这种方法比较直截了当，引导孩子初步了解课文的主要内容和中心问题，可使孩子思维迅速定向，很快进入对中心问题的探求。老师使用这种方式时，一般会提一些开放性问题，孩子要做的就是认真思考并和同学积极讨论。

5. "讲故事"导入

"讲故事"导入方式是老师调动孩子积极性的好方法。老师通常会对低年级的孩子使用这种方法，通过讲故事来激发孩子的求知欲，引起孩子的学习兴趣，促使孩子主动学习。孩子要做的就是认真倾听。

6. 直观导入

直观导入方式是指老师借助一些辅助的手段，如挂图、录像、投影等工具进行导入的方法。通过这种方式导入新课，可以给孩子初步留下比较深刻的整体印象。比如，老师在教《观潮》这篇课文时，一开始先给孩子放钱塘江大潮的录像，让孩子先感受一下钱塘江大潮那种气势，再让孩子学习课文。

7. 观察导入

观察导入方式是指老师在教新课文前一天，先让孩子观察有关的事物，在课堂前5分钟里先讨论所观察到的事物，再导入新课文的方法。比如，老师在讲《赵州桥》时，会让孩子提前观察家里附近、学校周围有哪些桥，上课的时候可以与赵州桥进行比较。孩子要做的就是根据老师要求认真观察即可。

孩子无法专注时，跟随老师才是正确的思路

> 心是跟着眼睛走的，如果眼睛不跟着老师走，四处张望，那么心就飘忽不定，更不可能专心听课了。上课将视线投注在老师身上，才能保证将心专注在老师所讲的内容上。

孩子上课的时候注意力应该集中在课堂上，全神贯注地听。但是很多孩子总是东张西望，视线飘忽不定，不是抬头看看这个同学，就是瞧瞧那个同学；不是侧头盯着窗外，就是抬头盯着天花板；不是低头看看自己的圆珠笔，就是侧着身子瞧瞧边上的同学在做什么……就是不把视线投注在老师身上。

西西今年上三年级，成绩一直不太好，因为他上课的时候集中不了注意力，总是东张西望。上课刚开始的前10分钟，他的视线还能跟着老师，可是不一会儿，眼睛就开始四处张望，视线不知道飘到哪里去了。老师讲的内容一点也听不进去，站起来回答问题也是答非所问。

有一次，老师提问西西，西西因为一如既往的东张西望没有听清老师的问题，甚至没有听到老师叫他的名字，在同学的提醒下站起来，答非所问地胡说了一通，结果被同学取笑了。西西觉得很丢人，便暗下决心，以后上课的时候再也不东张西望了。可是，结果呢？才过了10分钟，他又开始"不安分"了。

相信有不少孩子有像西西一样的问题，事实上，年龄较小或自制力较

差的孩子，上课特别容易受外界环境影响而分散精力，出现东张西望的情况，尤其是性格活泼，脑子聪明的孩子更好动。人集中注意一定事物时，大脑皮层就会在相应部位产生一个兴奋中心，这时注意对象提供的信息就能传入这个兴奋中心并对它们进行编码贮存，而其他信息只能处于抑制状态的皮层区域。如果大脑皮层同时有几个兴奋中心，就会出现注意力的分散和转移现象，而孩子的东张西望就很容易同时形成多个兴奋中心。这样的后果是孩子的注意力明显下降，课堂效率大大降低，要改变这种局面最好的办法是注视老师，视线跟着老师走。

方案 孩子视线跟着老师走这样做

1. 目光注视老师

心是跟着眼睛走的，当孩子的眼睛瞟向窗外，或者在欣赏自己的涂鸦，或者在观看坐在隔两排的同学时，就不可能再专心听课了。虽然将眼睛盯住老师并不能保证将心思也盯住老师所讲的内容，但是东张西望的眼睛一定表示心思不在老师所讲的内容上。有些孩子上课时做小动作、玩东西、说话、传纸条、和好朋友挤眉弄眼，这样很容易把老师讲的一些知识漏掉，时间长了，前后的知识不连贯、不完整、不系统，写作业必然会效率极低，考试必然会漏洞百出。所以，一定要让孩子把目光随时注视着老师，注视着老师的动作与表情，注视着老师的板书。当然，注视老师不是说眼睛一定得一眨不眨地盯着老师，也有例外情况，比如做笔记的时候。

2. 思路跟上老师

视线跟着老师走的目的就是抓住老师的思路，在老师的启发引导下，弄清上课时的思维程序、思维形式、思维方法和思维规律，向老师学习如何科学地思考问题，以发现自己的思维能力，进一步提高学习效率。无论是哪一位老师，上课都有一定的思路，如果能抓住老师的思路就能取得良好的学习效果。那么，听课时如何抓住老师的思路呢？

（1）根据课堂提问抓住老师的思路。老师在讲课过程中往往会提出一些问题，有的要求学生回答，有的则是自问自答。一般来说，老师在课堂上提出的问题都是学习中的关键，如果孩子能抓住老师提出的问题深入思考，就可以抓住老师的思路。

（2）紧跟老师的推导过程，抓住老师的思路。老师在课堂上讲解某一结论时，一般有一个推导过程，如数学问题的来龙去脉、物理概念的抽象归纳、语文课的分析等。感悟和理解推导过程就是一个投入思维、感悟方法的过程。如果孩子能抓住这个过程，不仅会很轻松地理解、记忆结论，还能提高自己分析问题和运用知识的能力。

（3）搁置问题抓住老师的思路。一些孩子听课容易犯钻"牛角尖"的毛病，在听课过程中一旦遇到听不懂的地方，也就是出现"卡壳"现象时，往往很急躁，非要停下来，将这个问题弄清楚不可。这样做是很不理智的，因为老师讲课有进度，不会因为某一位学生在思考这个问题而停止讲课，如果此时孩子停下来思考问题，听课的连续性就会遭到破坏，老师后面讲的内容就可能听不全、听不懂，从而影响了整体听课的效果。所以，家长要让孩子学会在课堂上遇到难题暂时搁置，跟上老师思路。

3. 抓住关键内容

在跟着老师走的过程中要注意把关键内容区分出来，一般来说，老师会以让中等学生能理解为目的进行讲课，老师所讲的内容对于孩子来说并不全是关键内容。让孩子全程高度注意老师所讲的全部内容是很艰难的，所以要让孩子学会有所取舍，抓住关键内容。听课的关键内容主要包括：预习时未完全弄明白的知识点，基本概念、基本原理、基本关系式等基本内容，老师补充的重要内容，老师指出的容易混淆和出错的地方，老师做出的解题方法或思路上的归纳总结等。

4. 主动积极思考

视线跟着老师走，更重要的是跟着老师的思路积极思考，认真理解当堂所学的知识。有些孩子看起来很认真，视线一直追随着老师，似乎在专心听讲，事实上只是"身在曹营心在汉"，完全是"死记型"。这类孩子的特点是跳过自己认识事物应当经历的艰苦思考过程，而直接去背人家得出的现成结论，满足于上课记笔记，下课对笔记，考后全忘记的学习状态。这种知其然不知其所以然，用眼不用脑的听课方法，是无法获得知识的。所以，家长一定要让孩子学会主动积极思考，把老师所讲的知识经过大脑的处理后再接受。

教孩子勇敢表达意见，更能提升专注力

专心听讲是课堂学习的根本原则，但仅仅做到专心听还不够，老师讲的东西是这耳朵进那耳朵出，不过脑子的被动听课是学不好的，还必须学会主动地听课，主动积极举手回答老师的问题，才能保证集中注意力不分神。

在上课的时候，为了活跃课堂气氛，同时也是为了检查孩子们的听课情况，老师会经常提出一些问题，让孩子们回答。面对这种情况，有些孩子能够积极主动地发言，有些孩子却畏手畏脚，不敢举手，即使偶尔举手，说起话来也是吞吞吐吐，说了上句忘了下句。

晓晓的老师给晓晓妈妈打电话，反映晓晓上课不爱举手回答问题，语文阅读能力比较差。晓晓妈妈每天都会来接晓晓放学，这一天，妈妈决定探探晓晓的情况，于是比平时更早来到学校。

妈妈站在晓晓班级的走廊上观察晓晓，从窗户看进去，发现总是那么几个积极的孩子把手举得高高，老师要是没有叫到，人家都仿佛要从座位上站起来，好让老师看到叫他发言，而晓晓则一直坐在位置上沉默不语。后来晓晓看到了妈妈，赶快主动举手，但手只比书桌多半个手掌，整个手臂都在书桌下面，妈妈又好气又好笑。

一般来说，孩子不爱举手发言的原因有两方面：一方面是性格原因，孩子缺乏自信，不敢发言；一方面是态度原因，孩子缺乏学习主动性，不

愿发言。缺乏自信的孩子一想到要在全班同学面前发言，就会感到紧张、害怕，即使是精心准备的发言，站起来以后也紧张得不知道该说些什么，这都是孩子"害怕受到嘲笑"的负面心理暗示在作祟。而缺乏学习主动性的孩子则不爱思考，一到老师提问的时候就低下头，生怕问到自己，坐在课堂上常有"做一天和尚撞一天钟"的想法，学习的效率很低。

在课堂上积极回答老师的问题，不仅可以调动孩子的积极性，还可以帮助孩子更好地理解老师所讲的内容，更好地融入课堂学习当中去。实践证明，凡是在课堂上积极举手发言的孩子，都是爱学习、爱思考的孩子，学习进步特别快、成绩好。所以作为家长，一定要引导孩子养成上课积极发言的好习惯。

方案　让孩子积极举手发言这样做

1. 充分鼓励，给孩子自信

举手是一种勇气，对于不自信的孩子，家长要给予充分的鼓励，让孩子变得自信，勇敢地把自己的想法大胆表露出来。鼓励孩子不要怕错，让孩子明白就算是答错了，老师也不会责怪，因为老师更喜欢积极发言的孩子，而且正好可以由此知道自己的不足，以便及时改正。对于不愿发言的孩子，家长要鼓励孩子认真、努力地学习，不能拖延，因为学习对孩子将来的成长很重要。积极参与到老师的教学当中去，多思考、多发言，孩子才能取得更好的学习效果。另外，在课后，孩子如果遇到学习上的难题、不懂的问题，也要及时向老师请教。

孩子每天放学回家后，家长都应该关心一下孩子在学校的表现，问一问孩子："今天在学校表现怎么样呀？""有没有回答老师提出的问题呀？"如果得知孩子在课堂上积极主动发言了，不管回答得好不好，作为家长都应该及时赞扬自己的孩子，让孩子知道这样做是对的，是家长所认同的。

如果孩子没有很好的表现，家长也应该鼓励孩子朝着这个方向去努力，并约定如果孩子下次积极发言了的话，家长会给予适当的奖励。

2. 培养孩子独立思考的能力

孩子不会独立思考，对老师提出的问题没有自己的想法，自然不会积极举手发言。造成孩子缺乏独立思考能力的原因是家长给了孩子过多的依靠，孩子在生活上依赖家长，在学习上还是依赖家长。所以为了培养孩子独立思考的能力，家长平时在家中应该有意识地要求孩子做一些经过思考或者努力才能够办到的事，使孩子从主动参与的过程中享受到乐趣，让孩子懂得不盲从，依靠自己的能力来解决问题，体会到努力后成功的喜悦。

3. 教给方法，让孩子发言前打草稿

孩子不敢主动发言，害怕答错了被同学嘲笑，这类孩子往往有思维能力，学习也比较主动，只是缺乏活跃表达的热情。所以，家长可以教给孩子方法，鼓励孩子在举手发言前打好"草稿"，将要发言的内容在草稿纸上做好记录，不仅能够促使孩子积极思考问题，而且有了书面的文字记录之后，孩子的发言会更有条理，不会语无伦次，既提高了发言质量，又增强了孩子的信心，让发言一举成功。这一方法，对积极思考，却又不肯主动回答问题的孩子比较有效。

改变思考模式,教孩子适当跳过

> 上课钻牛角尖是一种注意力不能及时转移的毛病,孩子在课堂上要特别注意避免这种现象,遇到不懂的地方先记下来,课后再问,保持思维的灵活性。

有些孩子在课堂学习中喜欢死钻牛角尖,遇到一点听不懂的地方就要停下来想半天,结果老师讲的重点内容一点也没听进去。

牛牛上小学四年级,从小就有个毛病,什么事都喜欢钻牛角尖,尤其在学习上。看书的时候特别爱抠字眼,恨不得把一句话拆开了、揉碎了读,最后弄得一个简单的词,一个简单的句子都读不懂,效率极其低下。

由于自己的纠结,牛牛每天都闷闷不乐,心情烦躁,想起学习就害怕,对自己的学习一点信心也没有,甚至对学习感到厌烦。

在课堂上钻牛角尖是孩子常见的问题,也是孩子必须戒除的问题。如果孩子在课堂上因为一个问题没听懂而一个劲地想,很容易破坏听课的连续性,导致思路不连贯,因为老师不会因为某一个学生在思考这个问题而停止讲课,等孩子从"牛角尖"中醒悟过来,可能就听不全、听不懂老师后面讲的问题了。

孩子在课堂上钻牛角尖不仅会浪费大量时间,耽误正常的学习进程,还会影响自己的情绪,失去学习的信心,对其他学科的学习也造成不利影响。所以,孩子在上课时一定要学会紧跟老师的思路,不走神,不掉队,不钻牛角尖，遇到听不懂的问题，先记下来暂时搁置，留到课后去解决，始终保持思维的灵活性和听课的连续性。

方案 让孩子不钻牛角尖这样做

1. 和孩子交流分析"钻牛尖角"是否有意义

对孩子"钻牛角尖"不该一概而论，要跟孩子一起分析，他所坚持的有没有意义，如果有意义，那家长应该给孩子积极的支持，帮助他尽快地解决问题，从牛角尖中尽早钻出来。如果孩子的坚持没有意义，就要引导孩子认识到这件事情是在浪费时间与精力。

爱钻牛角尖的孩子往往固执己见，不容易听进别人的意见，喜欢以自我为中心。要让孩子在课堂上不钻牛角尖，放弃自己的固执想法，家长在跟孩子交流时，需要保持足够的耐心与客观，让孩子学会看到事物的不同面，逐渐明白事物的多面性与世界的多元性。另外，避免把自己片面的观点灌输给孩子，要拓展孩子的兴趣爱好，让孩子多接触生活，引导孩子学习辩证思维，提高孩子对事物的分析能力。

2. 不要盲目鼓励孩子的仔细和认真

孩子爱钻牛角尖，和他的自身个性特征有很大的关系。这样的孩子往往有一个共同的特点，就是对自己的要求特别高，过分追求完美，做事情时会反复思索、反复检查，平时会十分注意自己的举止，行为循规蹈矩。他们的这种过分"兢兢业业"的态度有时会被认为"认真、仔细"，被家长过分地表扬，于是孩子把这种追求完美的态度带到了生活、学习中。

一般情况下，这种性格的孩子其家长也是追求完美者，或者对孩子管教都比较严厉和苛刻。受家长的影响，孩子做事小心谨慎，生怕会做错了什么事情而受到惩罚。因此，对于孩子过分的仔细和认真，家长要正确认识和对待，不要将之误认为优点而盲目加以鼓励，自己在生活中也不要过分地追求完美。

3. 教孩子换个角度思考问题

有的时候，孩子会产生这样的想法"我就不信我今晚做不出这道题""我就不信我考试老是超不过他""我一定能考班级第一的，我不允许自己第二"等。这是孩子对自己的一种期望，本不是什么坏事，但过了头就属于钻牛角尖了，容易陷入失败的境地。

所以，家长要引导孩子，遇到学习、生活上的难题时，换个角度来思考、解决。毕竟条条大路通罗马，不要自寻烦恼，要相信天无绝人之路，方法一定能找到的。

4. 让孩子接纳自己的不完美

家长应该让孩子明白"金无足赤，人无完人"这个道理，每个人身上都会有缺点，要学着接受自己身上的缺点，接纳自己的不完美，对人、对事、对己都不必求全。家长要告诉孩子，课堂上有些问题没听懂是正常的，有些题会做错也是正常的，要改变对现状的看法，无条件、无成见地正面面对自己的不完美。

专注力提升有效途径：学会记录课堂笔记

做笔记是一个好习惯，"好记性不如烂笔头"，上课45分钟，孩子只能记住75%的内容，48小时后再测试只能记住10%，记笔记则恰好弥补了这点不足，能让孩子的听课效率大幅提升。

学习的过程，实际上就是接受知识的过程。这个过程概括来说就是学习——理解——记忆，而记笔记正是促进学习、理解、记忆三方面联结的一条重要途径。记笔记能够稳定孩子的注意力，跟上老师的讲课思路，把注意力集中到学习的内容上。而且记笔记的过程也是一个积极思考的过程，可以调动孩子的眼、耳、脑、手一齐活动，促进孩子对课堂讲授内容的理解。

另外，好的笔记实际上也是一份好的复习资料，浓缩了知识的精华，是重点中的重点。如果不记笔记，孩子复习时只好从头到尾去读教材，这样既花时间，又难得要领，效果不佳；如果在听课的同时记好笔记，复习时对照笔记进行，既有系统、有条理，又觉得亲切熟悉，事半功倍。记笔记还有助于积累资料，扩充新知，笔记可以记下书本上没有的老师在课堂讲授的一些新知识、新观点，不断积累，便能获得许多新知识。

可惜的是，很多孩子意识不到记笔记的重要性，不做课堂笔记；有的孩子虽然做笔记，但是没有掌握到方法，老师在黑板上写，孩子就在下边抄，当老师写完开始讲了，还没有抄完就只顾继续埋头抄笔记，结果影响听课的效果，得不偿失；还有一些孩子的笔记寥寥几字，结果记的都是一些无关紧要的话，在复习的时候根本找不到重点。如此看来，记课堂笔记也得讲究方法，如果不注意方法，不仅不能达到目的，甚至会影响听课，这就成了事倍功半了。所以，家长要让孩子记课堂笔记，更要让孩子学会科学合理地记好课堂笔记。

方案 让孩子记好课堂笔记这么做

1. 课堂笔记记什么

（1）记重点。每一个知识点都会有它的重点，老师在讲课时经常会反复强调。对于这些重点，家长一定要让孩子记好、记全、记准，在笔记中加以标记，重点突出。

（2）记疑难。孩子在预习时没有搞清楚的、经老师讲解仍不懂的、做习题时解答不了的，都属于难点、疑点，对于这些，家长不仅要让孩子记下知识要点，还要记下有关例句、典型例题等。

（3）记补充。家长要让孩子把书上没有的、老师补充的内容记下来，这些内容往往是重要的考点。另外，老师在教学过程中经常会提供一些课外扩充知识或者经典例题，如果不用笔记，之后非常容易遗忘。

（4）记思维。一些思维方法和解决问题的技巧也要让孩子记录在笔记本上。这些方法和技巧是老师在课堂教学中解决实际问题时的感悟，如果不记，时过境迁，自然会遗忘，使练习效果大打折扣。

（5）记提纲。一堂课老师所讲的内容比较多，孩子在记笔记时，可能会出现听了来不及记，记了来不及听的现象。其实，没必要记下所有的东西，应详略得当，对那些次要的知识、一看就懂的内容、书上有的知识就大可不必记录。

（6）记感悟。家长要让孩子对所学知识有所感悟，对所练习的方法悟出规律，从本质上进行把握。然后把这些感悟记录下来，有则多写，无则少写，这样才能形成孩子自己的方法体系，提高思维能力。

2. 课堂笔记记在哪

笔记记在哪里要根据实际情况来决定，学科不同、题型不同，适合记录的地方也会不同。一般说来，可记在课本上，也可记在专用的笔记本上。但多数情况下是两方面兼而有之。

（1）记课本上。一些学科的笔记较少，记在书上不会影响阅读，而且可以边看课本内容边看笔记，二者相结合，既方便效率又高。比如语文课，会有很多需要背诵的课文，如果把笔记记在专门的笔记本上，翻阅起来反而会很麻烦；记在书本上的话，拿着书本背诵的时候就能看到笔记，一目了然，这样能加深对课文的理解，更加方便背诵。而且，有时候老师讲课较快，如果记在笔记本上势必要花费更多的时间来记下更多内容，否则回头再看时，笔记本上没头没尾的，不知道是哪块知识点的笔记；记在课本上则不会出现这个问题，笔记能很快地和课本内容对应上。课本每一页的四周都会留有一些空白，留这些空白部分的目的其实就是方便上课记笔记，可以让孩子充分利用这些空白区域记笔记。

（2）记笔记本上。有些科目需要孩子记录的笔记会比较多，都记在课本上的话，课本会看起来杂乱无章，看不清，这时候，家长需要给孩子准备一个专门的笔记本来记录。那些系统性的，偏理科性质的学科，像数学、英语最好记在笔记本上，把英语里一些容易遗忘的单词、句子整理在笔记本上，经常翻一翻可以帮助记忆。而数学可能会有很多经典例题，一道题可能不止一种解法，课本上记笔记的空间毕竟有限而且零散，都记在课本上势必会分散在不同的区域，这样看起来就非常费劲了；记在笔记本上就不会有这样的麻烦，各种解法集中在一起，一目了然。语文有一些课外知识点，比如名人名言、优美的句子也可以整理在一个笔记本上，积累起来，可以很好地提升自己的作文功底。

3. 课堂笔记怎么记

（1）让孩子学会用自己的话记。课堂笔记讲究实用，不必让孩子逐字逐句地记下课堂上老师讲的全部内容，杜绝每字必记的习惯。要让孩子学会用自己的语言来记录，因为自己的话是自己主动思考的载体，用自己已有的知识积极地整合新知识，有利于强化记忆。日后，孩子再通过对笔记的复习，更能唤起对讲课内容的再认知，巩固所学的内容，更好地实现笔记的价值。

当然，对老师所讲的一些基本概念、定理、公式、论点、论据等方面的关键问题，记录则要准确无误，照原话记录。

（2）提高孩子的书写速度。记笔记讲究的是快速，家长不要太过要求孩子书写工整的问题。记笔记必须跟上思维的进程，思维速度和书写速度应该要和老师协调一致。如果书写速度太慢，势必会跟不上讲课进度，笔记就会不完整或没有条理，影响笔记质量。所以，要让孩子学会一些提高书写速度的方法，不必将每个字写得横平竖直、工工整整，可以潦草地快速书写，也可以简化某些字和词，建立一套适合孩子自己的书写符号。但要注意不要过于潦草、简化而使孩子自己也看不懂所记的内容是什么。

（3）教孩子用符号速记。符号笔记，就是在书上做记号，标明重点，提出疑问，引起注意。可以让孩子选择一些他自己熟悉的符号，如用"！"表示重点词句，用"？"表示疑问等。或者也可以选择用不同颜色的笔来标记不同的内容，如用红色标记重点，用黑色表示疑问。但是，要注意的是做符号笔记的符号种类不宜太多，最好在做笔记前读懂整个内容，对难点、重点有一定把握，这样才能做到准确。

（4）给孩子准备好笔记本。有的孩子做笔记非常随意，今天用这个本，明天用那个本；一本笔记本上语文、数学、英语等各种科目应有尽有，最后笔记记得乱七八糟，到复习时东翻西找，影响到了学习效率。家长最好给孩子每一学科准备一个单独的笔记本，不要让孩子在一个笔记本里同时记几门课的笔记，这样会很混乱。另外，多给孩子准备几种不同颜色的笔，以便孩子可以通过颜色突出重点，区分不同的内容。

（5）让孩子养成预留空白的习惯。记笔记时，最好让孩子在每页笔记的右侧划一条竖线，留出1/3或1/4的空白，方便孩子课后拾遗补缺，或写上孩子自己的心得体会；左侧的大半页纸用于记老师讲的内容。两栏内容之间要有对应，即老师讲的和孩子自己想的针对相同章节的内容应在相同的行上，这样便于对照复习。

（6）让孩子找准时机记笔记。孩子上课以听讲和思考为主，做笔记的前提是不能影响听讲和思考，这就要求孩子在做笔记时要把握好时机。一般来说，做笔记的时机有三个：一个是老师在黑板上写字时，抓紧时间抢记；二是老师讲授重点内容时，挤时间速记、简记；三是下课后，尽快抽时间补记。

（7）督促孩子课后及时检查笔记。课后，要让孩子从头至尾阅读一遍自己写的笔记，既可以起到复习的作用，又可以检查笔记中的遗漏和错误，将遗漏之处补全，将错误纠正，将过于潦草的字写清楚。同时让孩子利用这个时间将自己对讲课内容的理解、自己的收获和感想，用自己的话写在笔记右侧的空白处。这样，使笔记变得更加完整、充实。

鼓励孩子积极预习,全面提升课堂专注力

"凡事预则立,不预则废。"提前预习功课,是保障孩子在课堂上集中注意力、提高课堂效率的有效方法。

"磨刀不误砍柴工",课前预习是提高课堂注意力的一个重要措施,许多孩子课堂上走神就是因为没有养成课前预习的习惯,才导致上课吃力,抓不住重点,跟不上老师的进度,所以不喜欢听课。

蓓蓓原来听课很吃力,课堂上总是跟不上老师的节奏,所以课后要花大量时间看书,还要不断地求助于老师和同学才能弄懂老师在课堂上所讲的内容,做作业的效率也很低,学习成绩一直难以提高,精神压力很大,情绪非常低落。

后来,老师和同学都惊奇地发现蓓蓓的学习成绩有了显著的进步,情绪也大有好转。老师让蓓蓓给同学们总结一下自己的经验,蓓蓓说:"预习,提高了我的学习效率,改变了我的学习被动局面。"原来,蓓蓓在妈妈的督促下学会了预习功课,每次讲新课的前一天晚上,蓓蓓都会认真地把第二天老师要讲的新知识预习一遍,事先对要讲的内容有所掌握,所以上课的时候就能跟上老师的思路了,听课效率大幅度提高,成绩自然提高了不少。

预习,也叫超前学习,是上课前对所要学习的内容提前进行学习和理

解的过程。养成预习的好习惯对孩子来说好处多多，通过预习，孩子可以对即将要学习的新课有初步了解，知道哪些内容自己可以很轻易学会，哪些内容是难点、疑点。这样，听课时便有了针对性、目的性，化被动学习为主动学习，集中注意力去听自己预习时遇到的难点、疑点，在课堂上就有充裕的时间对老师讲授的内容进行思考、消化。当堂巩固所学新知识，下课后就可以花费更少的时间来巩固，作业效率也会随之提高。

预习还可以帮助孩子更好地记笔记。如果孩子课前不进行预习，上课时，老师讲什么就记什么，不知道哪些是自己可以不用记的，哪些是需要重点记的，这样会导致盲目地记笔记而顾不上听课。预习之后，记笔记也有了针对性，重点记那些难点、疑点。

很多孩子认为预习，就是把老师要讲的内容草草地看一遍，这样达不到什么效果。其实，预习也需要按照一定的步骤和要求进行，这样才能真正地提高效率。

方案　孩子提前预习功课这样做

1. 选择好预习时间

预习的时间一般要安排在孩子做完当天功课的剩余时间里，并根据剩余时间的多少来安排预习时间的长短，不能因为过多地抓了预习，而挤了孩子复习的时间。如果剩余时间多，可以多预习几科，多预习一点内容，预习时钻研得深入一些；如果时间不够充足，就把时间主要用于薄弱学科的预习上，可以少预习一点，钻研得浅一点。

2. 对预习教材先"摸个底"

先让孩子迅速地浏览预习内容，读一遍即将学习的新教材，摸个底，了解教材的主要内容，掌握背景知识，边读边思考，让孩子弄清哪些内容是自己一读就懂的，哪些内容是自己没有读懂的。读完之后，要求孩子对自己提出问题，比如预习一篇语文课文时，问问中心思想是什么，主要内容是什么。

3. 带着问题再预习

让孩子带着第一遍浏览后没有弄懂的问题，边思考边读第二遍，并且找出答案。第二遍的阅读速度可以适当放慢一些，深入思考，仔细钻研教材，遇到困难，可以让孩子停下来，翻着以前学过的内容，或者查阅有关的工具书、参考书，争取依靠孩子自己的努力把难点攻克，把问题解决，把没读懂的地方读懂。孩子经过努力仍未解决的问题，也不必勉强孩子去解决，这样会花费更多的时间。可以让孩子把这个问题记下来，留待课堂上听课时去解决。

4. 边预习边记好笔记

在预习时，最好让孩子边读边划、边读边批、边读边写、圈点勾画，把教材的重点划出来，把体会、看法写下来，把不懂的问题记下来。这种预习方法，不仅可以让孩子预习新知识，还能以此来检查孩子的学识水平，看看孩子在独立学习情况下，自己能掌握多少内容，比较孩子自己的理解和老师的讲解有哪些差距，这种差距是属于知识方面的，还是方法上的，找到原因也就找到了补短的目标。

5. 预习同时巩固旧知识

在预习新知识的时候，要让孩子顺带着复习、巩固学过的知识，以发现自己之前哪些知识掌握得比较薄弱。新旧知识之间是有内在联系的，如果旧知识因为种种原因忘记了、记不全了或者记错了而不自知，势必会影响新知识的学习。所以，在预习时一定要让孩子发现并扫清这些新知识的"绊脚石"，通过回忆，查一查不懂的概念在哪一章哪一节中讲过，如果还回忆不起来，就找出课本或笔记本认真看看，直到弄懂为止。

6. 根据不同学科特点采取不同的预习策略

每一个学科都有它的特点，预习不能千篇一律，要让孩子学会根据不同的学科特点抓住预习的重点，选择不同的预习方法。例如，语文课首先要去除生字、生词障碍，再分析段落大意、中心思想及写作风格、手法；而数学课则要把重点放在数学概念、数学原理的掌握上。

7. 预习之后要回顾

预习后，要让孩子合上课本想一想："下节课老师要讲什么？我懂不懂？""与这个新问题有联系的旧知识是什么？我是否已经掌握？""还有什么不懂的问题需要上课时听老师讲？"这样检查，可以让孩子看出自己预习的效果怎样，以便进行调整、改进。

第 6 章

掌握课后练习技巧，
全面提升孩子学习专注力

让孩子学会做准备工作，事半功倍

> 有一句话叫作"成功总是为有准备的人而准备"。准备大到一项工程、一次竞选，小到一次作文、一次上课、一次作业。家长让孩子学会事前准备，养成做事有准备的习惯，需要从写作业前的准备工作开始培养。

很多家长都被孩子写作业的问题所困扰，反映孩子的作业习惯不好，写作业特别慢。其实，完成作业也是一项能力，也有很多准备工作需要做。

吉吉今年刚上小学一年级，"从上学第一天开始，写家庭作业就成了吉吉的难题，经常到晚上八九点才能写完作业。"吉吉妈妈抱怨道。吉吉刚入学的时候闹得厉害，不愿意写作业，奶奶心疼孙子，总是顺着他。一行生字半天没写完，奶奶却心疼得不行了，让他玩一会儿再写。开始吉吉妈妈没在意，可是入学两个月后，吉吉写作业还是拖拖拉拉，妈妈才意识到问题的严重性，她提醒奶奶不能宠着孩子，回家要先写完作业再玩。然而，吉吉总是用各种方式让奶奶心软，他不说自己不想写作业，却总是写一会作业，便告诉奶奶要喝水，要上厕所，要吃零食，要吃水果等，一个小时都写不完几个生字。

写作业其实和考试没什么两样，考试时有什么样的要求，写作业时就应该有什么样的要求。考场上有时间限制，那么孩子在做作业前也应该为自己规定完成时间；考试期间无特殊情况一般不允许离场，那么做作业的过程也一样不能离开书桌，应该一气呵成；考场上不允许夹带书籍和资料，那么写作业的时候也不应随便翻书查阅，尽量不靠翻书来完成。要做到这些，就应对作业情况有比较好的了解，对所涉及的内容、知识点有较深入的理解，在心理、生理方面和物质、精神层面都要做好充分的准备。

方案　孩子写作业前的准备工作这样做

1. 生理准备

孩子学习了一下午，放学回到家，大脑累了，肚子也饿了，可以先让他稍加放松，问问孩子需不需要喝水、吃点东西、上厕所之类的。吃的东西尽量选择水果，因为水果里含有的果糖，在体内很快就能变成葡萄糖，人体 2/3 的葡萄糖都是供应给神经系统的，孩子的大脑工作了一下午，身体的葡萄糖消耗得差不多了，正需要给大脑的神经细胞提供葡萄糖以补充其工作时需要的能量。不过，水果也不能多吃，让孩子休息 15~20 分钟，大脑有了能量，然后就可以做作业了。

另外，做作业之前最好不要让孩子剧烈运动或玩游戏等，因为孩子的注意力转移比较困难，尤其是玩游戏，虽然时间上终止了游戏，但是孩子的情绪和思路还沉浸其中，做作业时脑子开小差的可能性很大。

2. 学习用品准备

给孩子准备好必需的学习用具，包括铅笔、橡皮、尺子、草稿纸等。对于低年级的孩子来说，铅笔的头尖不尖很重要，因为这会影响他的书写美观程度，所以家长要让孩子提前削好铅笔；对于高年级的孩子来说，用笔的准备同样重要，有的孩子经常写着作业修起了钢笔，而且认为理由充分，实际上无形之中消耗了不少时间。另外，草稿纸对孩子来说也是必不可少的，特别是在做数学作业时，如果没有草稿纸，孩子要么靠心算，要么会在书角空白处书写，结果准确率不高，书也很脏，家长可以选择单面可用的废纸或废作业本作为孩子的草稿纸，养成孩子打草稿的良好习惯。

3. 学习环境准备

在孩子写作业前，家长应该先让孩子把写作业的书桌清理一遍，将玩具、零食、游戏机、水杯等一切与学习无关的物品都移到视线以外。家长不陪同，让孩子单独完成作业；不唠叨，有话简单说，别让孩子产生逆反情绪；不殷勤，别一会问问要不要休息，一会送些吃的东西，这样非常不利于孩子良好作业习惯的培养。电视的声音要调小或关闭电视机，关上孩子的房门，给孩子独立、安静的写作业环境，排除一切干扰。

4. 知识准备

很多孩子和家长都认为，应该先写作业后复习，其实，这样并不科学，反之则会更加高效，而且可以把作业当成当天所学知识的检验。家长要让孩子先把在课堂上学的知识像"过电影"一样在心中大致复习一遍，一般来说每科只需复习 5～10 分钟就可以，这样有利于巩固知识，而且有"温故而知新"的作用，可以节省作业时间，提高写作业速度。

5. 作业时间准备

孩子在写作业前，最好让他给每项作业的时间做个计划，准备多长时间完成。有些孩子被问到完成各项作业所需时间时完全没有概念，要么预估时间过短、要么过长。一般来讲，同步练习之类的作业应在 30 分钟之内完成，知识扎实的孩子 20 分钟即可。但值得注意的是时间的计划需要根据孩子的现状让孩子自行确定，而不是依据家长规定的时间为准则，否则完成时间相差较多，容易使孩子产生挫败感。

在分享中学习，学习更高效

> 如果可以，家长可以帮孩子找一些学习伙伴，和孩子一起测试、一起在规定时间内完成作业，这样可以相互促进，共同成长。

给孩子找一个或几个作业好伙伴，让孩子和同学、朋友一起做作业，是提高孩子写作业的积极性和效率的好方法。不懂的题目可以积极思考，互相讨论；简单的题目可以比赛竞速，相互促进。

豪豪和邻居小宇是同班同学，两个孩子的感情很好，经常在一起玩，有时候玩得太投入总会忘记回家，所以豪豪妈妈不是很高兴。

一天，豪豪带着小宇敲响了家门，问妈妈能不能让小宇来家里一块写作业，妈妈看见豪豪和小宇脏兮兮的小手，知道他们又跑去玩了，担心豪豪和小宇一块写作业会互相耽误，光顾着玩了，于是对豪豪说："不行，你要写作业，让小宇也回家去写作业吧。"

小宇很沮丧，豪豪可怜兮兮地求着妈妈："妈妈，让我们一起写作业吧，我们会很认真的。"最终妈妈拗不过豪豪，允许他们俩一起写作业，但是心里仍然深深担忧着。

没想到，自从这两个孩子一起写作业之后，效率提高了很多。他们俩回来也不光顾着玩了，而是抓紧时间写作业，写完再去玩；不懂的题目两个人一起讨论；英语也是一起说一起练习，单词相互抽背。两个孩子不仅作业完成速度很快，而且也学得很开心，给豪豪妈妈省了不少的心。

两个人或者几个人在一起学习，容易形成比较活跃的学习氛围，孩子们可以畅所欲言，尽情地讨论和说出自己的想法，做作业的时候也可以相互约束，比在课堂上更多了一种轻松的氛围。在讨论中也可以学到别人的优点，取长补短，这比一个人学习的效率要高，也会让孩子更主动地学习。所以，家长应该允许孩子和朋友、同学一起写作业，甚至主动要求孩子邀请同学到家里一起写作业，一起讨论题目。当然家长也要告诉孩子，在讨论的时候不要争辩，即使对方的想法是错误的也不要立刻去否定，要耐心倾听，这样的讨论才会有意义，才会让孩子学到更多的东西。

方案　给孩子找个作业好伙伴这样做

1. 允许孩子把异性朋友带回家

不同年龄段的孩子，都有自己的好朋友，很多家长对于孩子的"异性朋友"较为敏感，甚至狭隘地认为，他们不应该与异性朋友过多接触。

实际上，孩子的世界相对简单，他们只是对异性朋友产生好感而已，觉得和那个人在一起是很开心的事情。如果家长过多干涉，反而会让孩子觉得这件事很神秘，好奇心越强，越想探个究竟。

鉴于这种情况，家长不妨让孩子大大方方地与异性朋友接触，允许孩子把对方带回家，让他们在一起写作业，帮助他们保持良好的情绪，有助于提高孩子的学习效率。

2. 给孩子找个"模仿"的好伙伴

让孩子自己推荐一位信得过的同学，作为学习伙伴，然后，慎重地选择时机，邀请伙伴到家里来一次，同时、同桌完成同一天的作业。邀请的伙伴要是邻近的、水平相近的"近榜样"，而不是一味追求的"高榜样"。有的孩子不听大人的指挥，家长让他好好写作业他偏偏不干，但是却很乐意参照同龄伙伴去模仿，伙伴认真、快速完成作业，他也会跟着提高效率，并在模仿中产生无限的乐趣，喜欢上写作业。

3. 给孩子找个"竞赛"的好伙伴

家长可以给孩子找一位水平不相上下的同学作为孩子的作业伙伴，让他们在一起写作业。同时开始写，看谁完成得更快更好。家长从旁协助孩子，根据孩子作业的质与量及所花的时间进行评估，并不断总结提高。这种"竞赛"方法操作起来并不难，对两个孩子都很有利，能互相促进写作业的效率。

动笔之前先动脑，成就高效学习效率

> 教育家多湖辉说过："草稿纸是思考过程的履历表。"草稿和作业一样重要，爱因斯坦的"相对论"就是从他打的草稿中得出来的。

草稿纸运用得好，可以大大减少错误率，提高作业速度。有的孩子可能是这样做题的：盯着题目一动不动，3分钟后直接得出最终答案。这种不用草稿的习惯有它的好处，能锻炼抽象思维。但对于比较复杂和困难的题目则不是一个明智的方法，会造成思维混乱。

维维今年上二年级，是个聪明的孩子，课堂回答问题积极活跃，但是作业完成的并不好，作业本简直是一本涂鸦稿，上面全是涂改痕迹。

维维这涂涂改改的毛病已经不是一两天的事了，每次写作业，维维都不打草稿，直接写答案，可是写了一半又觉得不对，于是就涂了重写，写了又改。反反复复，不仅涂改耽误时间，还乱了答题思路，更加影响了写作业速度，字迹还不整洁。考试的时候也是，试卷上每道题的答案改了又改，把试卷直接当成了草稿纸，老师都找不到最终的答案在哪里，所以成绩一直平平，提不上去。

维维正是因为没有养成打草稿的习惯，没有在草稿纸上理清思路就下笔，才让涂改耽误了时间。打草稿从来都不是一件不值一提的小事，而是一件学习中的大事。如果不打草稿，处理复杂题型时思路会混乱，做题正确率不高。而且就算解出正确答案，写卷时也容易忘记答案怎么来的，结果还得按部就班再做一次，浪费时间。

打草稿对思维的作用

1. 对思维的备忘

解题时，打草稿是对思维过程的记录，显而易见的，在草稿纸上将思维过程记录下来，在检查的时候就能很快速地利用这个记录看清问题的来龙去脉，而不需回忆。

2. 对思维的延续

形成打草稿的习惯还可以给孩子很强的心理作用，使孩子在解题时能按思维的方向放心地走下去，不担心写错，思维才不会中断，继续延续下去。

3. 对思维的缓存

在思考的过程中，如果不将能表示完整思维过程的某句话在草稿纸上写下来，那么脑中只会有几个关键词，指望把它们联系起来以走出下一步很困难。如果把表示完整思维过程的句子在草稿纸上写下来，就能缓存思维，那么要将它们联系起来就容易得多了。

方案　教孩子打好草稿这样做

1. 了解好的草稿的特点

草稿不能太"草"，好的草稿也有一定的要求，那么，怎么才算是好的草稿呢？一般来说，好的草稿有以下几个特点。

（1）一稿专用。好的草稿应该是按照科目进行区分的，一稿专用。数学打草稿就用给数学准备的专用草稿本，语文、英语的草稿本也是如此。

（2）整洁。好的草稿不会太潦草，整洁应该是给人的第一印象。不会画得乱七八糟，也不会弄得脏兮兮。

（3）画线分区。好的草稿会利用折痕或者画线将草稿纸进行分区，将每道题或者每一类型的题分割开来，这样看的时候不容易串行。而且看起来更清爽，还能节省页面。

（4）有顺序。好的草稿应该是按照顺序来打的，特别是考试的时候，草稿纸上应该标记好题号，这样，检查的时候才能一目了然，方便快速地查找到目标题目。

（5）步骤完整。好的草稿应该是计算步骤、大纲、思路基本完整，过程大致规范的。检查的时候，孩子能按照草稿纸中写的思路来检查题目做的是否正确。不完整的草稿相当于没有用，错了还是找不到问题，也检查不出来。

2. 掌握打草稿的步骤和方法

上面已经介绍过了好的草稿纸是什么样的，那么，如何才能达到这种效果呢？

首先得要有草稿本。草稿本不用太好，家长可以买一些白纸装订成册给孩子作为草稿本，或者废弃的本子、单面打印过的纸也可以。如果是考试发的草稿纸，最好把草稿纸对折，对折后，草稿纸的空白会相对集中在最后，做题时思路就会更加清晰。其次在草稿纸上写上题号，然后开始打草稿即可。草稿字迹不用比试卷上工整，但是至少要非常清晰，一题打完了，画条线隔开，继续按顺序打下一题。再次，尽量把过程写清楚，特别是考试的时候，这样在写完试卷，检查的时候，可以很快检查出之前因为马虎或者慌忙抄错的地方。最后，把打完的草稿纸收集起来装订成册，家长要鼓励孩子常常拿出来翻阅，这样可以分析思考的轨迹，还可发现学习中的弱点。

3. 有些情况一定要打草稿

（1）数学：复杂题型。在数学学习中，草稿本是必备的学习用品。一些比较复杂的计算题，不打草稿，光靠心算很容易出错；一些解答题，在心里过了一遍解题思路，却没有将解题过程在草稿上演算，在解答时很容易遗忘解题步骤。将复杂的计算过程和解题思路呈现在草稿上可以大大提高正确率。

（2）语文：作文提纲。语文最需要打草稿的地方应该是作文，平时写作文的时候要打草稿，考试的时候更要打草稿。考试时间有限，作文打草稿只要列好大纲就好，包括题目、观点、论据、素材、事例、结尾，以及其他灵感、火花。这样，在写作时才能做到大体思路清晰，不会跑题，不会忘记灵感。

（3）英语：考场听力、单选、阅读等的答案。考场上，听力考试时事先在草稿纸上标好题号，将听到的内容按题号写在草稿上。单选、阅读的答案，按题号顺序写，遇到不会或者没有把握的答案，不会的打"×"，没把握的打"?"，检查或者誊写的时候按题号来，既方便又能避免串题。

设定小目标，让孩子每段时间都专注

> 目标的实现不是一蹴而就的，有效的目标需要分阶段完成。对孩子来说，每次完成作业都是一次目标的实现，教孩子把作业目标进行分解，分阶段完成，能让孩子集中注意力，更高效地完成作业。

有的孩子写作业注意力不集中，小动作多，不是左顾右盼就是东张西望，一会起来上个厕所，一会出去吃点东西，效率极其低下。

洋洋今年 7 岁，是一年级的学生，他活泼、可爱，但是洋洋的妈妈却为洋洋的学习操碎了心。

洋洋写作业时总是东看西看，磨磨蹭蹭，一会儿玩橡皮，一会儿咬铅笔，这样写作业怎么能快得起来？一个小时的作业常常两三个小时都写不完，所以每天总是很晚才能睡觉。

老师也反应洋洋上课注意力不集中，而且还经常捣乱，很调皮，一会儿拽别人的头发，一会儿拉别人的衣服，影响其他的同学和课堂秩序。

洋洋的行为属于典型的注意力不集中，很多孩子有和他一样的状况，尤其是低年级的孩子。这些孩子由于年龄较小，所以注意力坚持时间比较短，一般在 15～20 分钟，如果让他连续做作业超过 20 分钟，他就会累，坐不住，容易走神。写一个字走神 5 分钟，当然作业就慢慢吞吞了。对于这种情况，家长最好让孩子分段写作业，根据时间把作业分割成几个阶段，让孩子在每个阶段的有限时间内都能集中注意力。

方案 分段写作业这样做

1. 允许孩子做一会儿作业，玩一会儿

鉴于孩子注意力短的特点，家长应该允许孩子做一会儿作业，玩一会儿。孩子在专心写作业的时候，大脑神经系统在高速地运转，但是十几分钟后，大脑的葡萄糖就开始供应不足了，如果孩子不主动停止工作，就会对大脑产生压力，大脑为了转移压力，就会指使孩子去玩，玩了一会之后，身体里的血液就会循环到大脑，补充葡萄糖，孩子也就有精神了。因此，孩子写作业慢并不一定是孩子贪玩、不用功，而是他的生理特点使然。

所以，家长要主动让孩子玩，根据孩子的年龄特点，以及以往的作业持续时间，帮孩子确定做作业的时间和玩的时间。家长要注意观察，当孩子很用功地做了一会作业后，最好是在孩子疲劳前，让孩子开始玩。玩的时间在8~10分钟；玩的地点要在大厅，不要在书房，书房是学习的地方；玩的内容不能是看电视或玩游戏机，而是一些活动身体的游戏，可以玩简单玩具，可以看图画书，可以什么也不干，放松自己，让孩子自由自在，哪怕是在地板上打滚。

要想让孩子在某事上有良好的习惯，就要让他在做这件事情上获得快乐，如果获得的是痛苦，孩子就会产生厌恶、抵抗情绪。因此，要让孩子在学习、作业上形成良好的习惯，就要让孩子在学习、作业上获得快乐。让孩子主动快乐地做一会作业，然后轻松愉悦地玩一会，每一次写作业都不痛苦，而是有力量、有信心地完成作业。"做一会作业——玩一会——做一会作业"，形成一个良性循环，于是孩子就会慢慢在大脑里形成神经链的连接,即写作业——快乐。这样发展下来,孩子就对写作业产生了愉悦感,喜欢上了写作业,效率也就跟着提高了。

2. 分解任务,把作业分段完成

再大的任务也可以分解成很多小的子任务,将每个子任务分配到自己的可用时间里面,当所有的子任务被完成,那么一个看似不可能的艰巨任务也搞定了。分解任务的精髓就是简化,可以将想要完成的艰巨任务分解开来,使它变成 10 个非常简单的子任务,只需要先完成 1 个子任务,然后告诉自己,这个任务已经做完了十分之一,可以先休息一下,休息好之后再开始下一个子任务。这样,就能很快地行动起来,而不是内心充满畏惧造成效率低下。

同样的,孩子的作业也是一项任务,当这个任务对孩子来说太庞大的时候,就可以把大作业分解成一些小段,让孩子看到作业并不是那么可怕和不可打倒。

首先了解孩子当天的作业量,然后和孩子商定在一定时间内必须完成,如完成得好可以给予奖励。如果作业太多,可以把作业分割成两个或三个阶段。如第一次规定做 15~20 分钟,完后休息一会,然后再规定一个 15~20 分钟,再休息,每完成一个小段,就根据实际情况给孩子语言或物质上的一定奖励。当孩子的注意能力提高以后,所定时间就可以慢慢延长,等养成高度集中学习的好习惯时就不用分割时间了。

3. 遇到不会的题目,先跳过

孩子遇到不会做的题目怎么办?有些孩子遇到自己不会做的题目就拿去问家长,问完之后接着写作业,刚坐下没多久又遇到不会做的题目,又拿去问。这样来来回回折腾,时间就耽误了。

所以,家长最好能教孩子调换顺序做题,先做简单题再做难题,遇到难题,可以先跳过,做其他的题目,之后再回头做难题,这样既可以节省时间,又不会打断思路,最后把不会的题目集中问家长即可。

在孩子写作业过程中,家长要了解孩子的问题所在,对症下药。但要注意的是,家长不要一股脑儿讲给孩子听,而应是启发孩子,让孩子自己去领悟。等孩子知识储备够了,写作业速度自然就快了。

劳逸结合，效率翻倍

"张而不弛，文武弗能也；弛而不张，文武弗为也，一张一弛，文武之道也。"学习、写作业不能一味地死用功，带着疲惫的身体学习只能是事倍功半，张弛有度、劳逸结合，才能事半功倍，提高效率。

"身体是革命的本钱"，疲劳会让孩子的注意力涣散，降低学习和写作业的效率。如果孩子长期打疲劳战，经常写作业至深夜，不注意休息，缺少睡眠，往往会引起食欲不振、消化不良，从而影响整个人体的正常功能。另外，大脑神经细胞的兴奋性也有一定限度，如果不劳逸结合，超过一定的限度就会使脑细胞受到损害，从而导致记忆力下降、注意力不能集中、思维缓慢等。所以，家长一定要让孩子学会劳逸结合，提醒孩子写完一阶段的作业就休息一会，想方设法预防和缓解孩子的疲劳，这样才能使孩子的注意力集中，写作业的效率提高。

方案 写作业疲劳这样做

1. 建立合理的作息时间，学会休息

孩子学习疲劳，写作业速度自然慢，预防孩子学习疲劳的最基本的方法就是建立起合理的作息制度，保证孩子充足的休息时间。睡眠是最基本、最重要的而且是不可取代的一种良好的休息方式，人在睡眠时，体内各器官的代谢活动降低，大脑皮层由兴奋转为抑制，耗氧减少，有利于血液中养料、氧气的自我补给，积聚精力，既保护了神经细胞，避免过度疲劳，又促进了神经细胞功能的恢复。一般来说，不同年龄阶段的孩子需要的休息时间也不一样，具体如下表：

年龄段	适宜睡眠时间
新生儿	20~22 小时
2 月婴儿	18~20 小时
1 岁	15 小时
2 岁	14 小时
3~4 岁	13 小时
5~7 岁	12 小时
8~12 岁	10 小时
13~18 岁	9 小时
成年人	7~8 小时

除了睡眠、闭目养神等休息方式外，还要让孩子学会活动性休息和交替式休息。活动性休息又称积极性休息，如散步、打球和轻微的体力劳动等，也可以与他人聊天。交替式休息是指将各种不同性质的学科交叉在一起来学习，如语文、数学穿插复习，这样，大脑皮层的神经细胞不仅不会疲劳，而且还有相互促进的作用。所以，家长要根据环境条件、孩子的疲劳性质等，来帮助孩子选择具体的休息方式，安排合理的睡眠时间。

2. 科学安排作业时间和顺序

研究表明，学习不同学科引起疲劳的程度不同。最易使人疲劳的是体育和数学，其次是语文、历史、地理、物理、化学，再次为音乐、美术、实验等技能科学。因此，孩子在写作业的时候，应注意科学性，合理地安排不同学科的学习时间顺序，帮助孩子防止和消除疲劳。可以把中等疲劳值的学科作业，如语文、历史、地理等作业安排在最前面写；难学、易使人疲劳的学科作业，如数学作业排在中间写；最易学且又不易使人疲劳的学科作业，比如手工作业安排在最后。

3. 掌握一些缓解疲劳的小方法

在孩子写作业疲劳的时候，家长可以教给他一些小方法来快速缓解。

（1）深呼吸。深呼吸是自我放松的最好方法，不仅能促进人体与外界的氧气交换，还能使人心跳减缓，血压降低，从而转移孩子在压抑环境中的注意力，并提高自我意识。深呼吸包括从简单的呼吸、瑜伽，一直到冥想的一切活动，打哈欠也相当于深呼吸。家长可以让孩子挑选最喜欢的方法进行。

（2）湿毛巾敷脑后。孩子感到疲劳时，可以将毛巾用冷水（冬天用热水）浸湿后拧干，放于小脑两侧同时或左右交替敷，毛巾重复浸水数次，每次进行3分钟左右。能快速醒脑，提高反应和思维能力。

（3）两人互背。孩子长时间坐着学习，很容易出现腰背酸痛的症状，可以做一些有助于缓解症状的背肌加强锻炼，比如两人互背。两人靠背，两臂相挽，一人将对方背起，慢慢弯腰，然后对方也按此法背起前者，反复多次，这样可使周身血液循环加快，消除因久坐造成的疲劳。

（4）挺胸弯腰。家长可以让孩子站立，先深深吸一口气，然后挺起胸膛，接着呼气并向前屈身弯腰，做10~20次，每天做2~3次。这样做不仅能帮助孩子松弛颈背肌肉，还可增强肺活量。

给予适当奖励，调动孩子积极性

> 奖励是家庭教育中不可缺少的教育手段，奖励的目的就是对孩子的行为作出评价，以鼓励孩子发扬优点，克服缺点。

奖励可以调动一个人的积极性，很多孩子写作业磨磨蹭蹭，就是因为没有动力，没有积极性。在一定的奖励之下，孩子的积极性会被调动起来。

琪琪是五年级的学生，有个不好的习惯：写作业慢。妈妈发现琪琪反应很快，但是不专心，往往写几分钟就起来东走西走，每小时至少五六次以上，就这样，1小时的时间差不多一半用在了闲逛上面，所以明明是快则半小时、慢则1小时就能完成的功课，她每天都要写3小时以上，妈妈为此很苦恼。

最近，妈妈想到了一个好办法：在墙壁上自己画了一个表格做"奖励墙"。只要琪琪的作业完成又快又好，就给她画1个红色五角星，当五角星满5个时，就给琪琪1个小奖励，比如带她去郊游；当小奖励累积满5次后，就给琪琪1个大奖励，比如带她去游乐园。这样的奖励持续一段时间后，妈妈发现琪琪的作业质量越来越好了，速度也快了不少。

奖励是对一种行为的回报，是一种外部强化的教育手段。家长奖励孩子是对孩子表现好的一种积极的评价，适当的奖励可以使孩子得到精神上的满足和愉悦，增强其学习的动机。家长给孩子的奖励一般可以分为三类：一是精神奖励，比如对孩子微笑、注意、表扬、拥抱等；二是物质奖励，比如给孩子食品、礼物、钱等；三是特权或活动，比如带孩子去动物园、允许多看半小时电视、去游乐园玩等。

方案 奖励孩子这样做

1. 积分或代币奖励

家长可以为提高孩子的写作业效率设立积分或者代币奖励机制，孩子作业写得好得分，写得不好扣分，积满一定分数可以获得精神奖励、物质奖励、特权或活动，比如像上例中的琪琪一样，积满一定分数就带她去游乐园。不过，实施代币奖励法也需要一定的方法和步骤。

（1）了解孩子的兴趣与愿望。家长给孩子的奖励应该是孩子感兴趣的，这样对孩子才更有吸引力，让孩子更有动力。所以家长事先必须了解孩子喜欢做什么，最想要拥有什么等。

（2）确定"代币"表示方法。家长要确定用什么东西来进行积分，是直接用分数来计，用小红旗、小五星、小红花来计，还是用其他孩子喜欢的东西来代替，可与孩子一起商定来办。

（3）制定积分计算标准。家长与孩子一起罗列出需要改善的作业行为，并把这些行为按照从易到难的顺序进行排序，然后按照难易程度确定不同的得分。比如，每门课的作业认真且规范，记 5 分（或者一个小红旗）；每天放学到家后立即投入写作业，记 5 分；每天写作业时间不超过 2 小时，记 5 分；超过计划的半个小时扣 2 分等。

（4）商定积分兑换标准。家长可以根据孩子的兴趣和需求，和孩子一起商定积分的兑换标准。比如，30 分兑换 2 小时看电视时间；50 分兑换最喜欢玩具一套；100 分兑换欢乐谷一日游等。

在使用积分法或代币奖励时，家长应随着孩子行为的进步调整积分的制度。当孩子良好的写作业习惯建立之后，家长可以提高获得奖励的分值或降低每个行为获得的分值。比如，由 30 分兑换 2 小时看电视时间提高到 40 分，或者每天放学到家后立即投入写作业由 5 分降到 3 分。当孩子已经彻底养成自觉、快速完成作业的习惯后，这种奖励措施也该逐步撤消，这样才能帮助孩子减少对外部约束的依赖，有利于培养孩子的自觉性、自制力和独立行为能力。

2. 奖励要适度

有时候，家长给予孩子奖励不仅不能提高孩子做作业的主动性，反而会降低孩子的主动性，这种现象被称为"德西效应"。"德西效应"告诉家长：当孩子尚没有形成自发的内在写作业动机时，家长从外界给予奖励刺激，以提高孩子写作业的积极性，这种奖励是必要的；但如果孩子已经对写作业很有兴趣，并有优秀的表现，此时再给孩子奖励不仅显得多此一举，还有可能适得其反。

在孩子取得进步之后进行奖励，会使孩子把奖励看成写作业的目的，有可能会转移孩子的学习目标，把注意力全都集中到当前的奖赏上。因此，作为家长，一定要避免"德西效应"，适度地给孩子奖励，不要滥用。

3. 以精神奖励为主

当家长使用奖励时，最好优先考虑精神奖励，以精神奖励为主，特权、活动奖励为辅，物质奖励次之。因为精神奖励不增加经济负担，不过于正式，而且对孩子有着长久的心理裨益，对具体行为或品质的表扬，能够帮助孩子发现他们自己都没有意识到的优点，增强他们的自信。另外，精神奖励的经常使用能够使得家庭氛围温馨、和睦，充满信任，对孩子内化规则、自觉改进行为最有好处。

在此之前，家长需要弄清楚孩子最喜欢哪种精神奖励，有的孩子喜欢被亲吻、拥抱，而有的孩子则喜欢口头表扬。针对孩子的喜好，家长给予他最在乎的奖励，效果会更好。

4. 奖励要说到做到

家长在奖励孩子的时候，一定要做到一诺千金，除非不说，只要说了要奖励，就一定要做到，这样的奖励才会让孩子心服口服，达到奖励的预期目的。如果家长食言，孩子就会觉得家长欺骗自己，即使下次真的奖励孩子，对孩子来说也不会有效果了。

和孩子紧密沟通,了解他为什么拒绝学习

情绪像染色剂,把人的生活染上各种各样的色彩,情绪又似催化剂,使人的活动加速或减速地进行。情绪伴随人的一生,积极的情绪催人奋进,消极的情绪令人消沉。孩子的情绪不稳定,很容易把情绪带到学习中去,影响学习和生活。

孩子写作业慢,注意力不集中,和孩子的不良情绪有很大的关系,只有当孩子在良好的情绪下,才能有心情、有精力、高效率地完成作业。

上一年级的薇薇回家后感到很沮丧,很不开心。因为今天在学校的时候,她想参加一群小朋友自发组织的游戏,但是却毫无理由地被拒绝了。回到家看见妈妈后,薇薇委屈得眼泪一下子就流了出来,她试图向妈妈诉说,可是妈妈好像很忙的样子,只是跟薇薇说:"都是大孩子了,怎么还哭啊?乖,别哭了,去写作业去。"

于是,薇薇只好去写作业了,可是没有找到安慰的薇薇根本没有心情写作业,作业本摊开了半天一个字都没动,结果本来就不开心的薇薇更加沮丧了,伏在书桌上伤心地哭了起来。

在现实生活中,也有很多家长像薇薇的妈妈一样,总是忽视对孩子不良情绪的纾解。虽然这在家长看来没有什么大不了的,不过就是孩子在学校遇到了一些不开心的事情,过几天就没事了。但是在孩子看来,她会觉得家长没有倾听她的诉说,否定了她的情绪,会认为家长根本不理解她的

心情。于是,她会表现得更为情绪化,根本无法集中注意力去完成作业任务。

家长千万不要以为孩子没有什么情绪,其实孩子情绪的不稳定性远远大于成人,而且由于孩子自身调节能力相对有限,再加上家长总是要求她"要像个大孩子一样,不要遇到不开心就哭",孩子内心的不良情绪就会越积越多,心理稳定性就会越来越差,慢慢地就不仅仅是情绪问题了,可能还会引发行为问题。所以,当孩子情绪不好的时候,家长要特别注意引导和调节。

方案 调控孩子的情绪这样做

1. 给孩子提供宽松、和谐的家庭氛围

家庭是孩子的避风港,有研究证明,轻松愉快的家庭氛围对于孩子的情绪有积极的影响,对缓解孩子的压力和不良情绪非常有益,而专制的家庭不利于孩子情绪的稳定。家庭气氛如果宽松、和谐,孩子就会变得活泼开朗,相反,如果家长三天两头爆发战争,或者对孩子冷漠、不耐烦,就会让孩子的情绪变得不稳定。因此,家长要致力于营造和谐温馨的家庭氛围,和孩子建立良好的亲子关系,并经常主动和孩子沟通交流,为孩子提供情感上的支持,消除孩子紧张、焦躁、抑郁的心理。

2. 鼓励孩子把烦恼倾诉出来

很多家长认为孩子正处于无忧无虑的年龄,不会压抑自己的情绪,这样的想法是错误的。孩子虽然年龄小,但是对于生活中的一些事情也有自己的想法,也会关心和重视自己的感受,也有情绪压抑的时候,并且还会用家长不理解的方式表现出来,这对保持孩子良好的情绪是种威胁。所以,家长要及时察觉孩子的不良反应,鼓励孩子把遇到的任何烦恼都及时倾诉出来,获取家长的帮助。家长的阅历深,经验丰富,看问题比较深刻、全面，有时家长的一席话就可以解决困扰孩子很久的烦恼。

3. 让孩子学会换位思考

当孩子和别的小朋友产生矛盾和冲突导致不良情绪时，家长应当告诉孩子：当感觉到自己的情绪不受控制时，不妨用离开那种剑拔弩张的环境、换位思考等方法来调节情绪，待情绪稳定后再好好和对方谈谈，商量着来处理矛盾，这远比针锋相对的暴力更让人乐于接受。对别人不能要求太高，要学会谅解、谦让，这样在遇到问题时才能正确对待，不会生那些不该生的气，在非原则问题上大事化小，小事化了，免于动气。

4. 帮助孩子转移注意力

转移注意力是一种很好的调节情绪的方法，因为人之所以烦恼，多是沉浸于一种情绪中难以逃脱，转移注意力可以暂时抛开烦恼的事情，然后渐渐忘记，重新快乐起来。所以，当发现孩子情绪不好时，家长可以帮助孩子转移注意力，让孩子听听音乐、看看报纸、翻翻画册、看看电影和电视，帮助孩子回忆一下最幸福、最高兴的时刻，把消极情绪转移到积极情绪上去，冲淡以至忘却烦恼，使情绪逐步好转起来。

不过，需要注意的是，不能用具有吸引力的事物换取孩子停止某种情绪。这样做，虽然孩子的注意力会从刚刚的不良情绪上转移到新事物上，但是孩子并没有彻底地从不良情绪中解脱出来，只是暂时忘记了，等新鲜劲过去了之后，孩子还是会陷入不良情绪的阴影中。所以，当孩子情绪不好的时候，"不要哭，妈妈带你去买雪糕"或"来，爸爸带你去公园，不要再发脾气啦"这样的话，最好不要说。